理想·宅 编

超实用装修宝典

装修预算一本就够（畅销升级版）

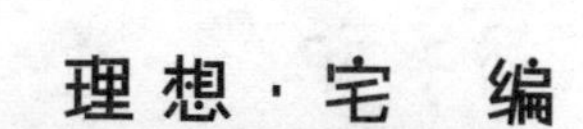

化学工业出版社
·北京·

编写人员名单

（排名不分先后）

叶　萍　黄　肖　邓毅丰　董　菲　郭芳艳　杨　柳

赵利平　李　玲　吴宏达　肖韶兰　王广洋　王力宇

谢永亮　李　广　李　峰　李　幽　梁　越　赵莉娟

潘振伟　王效孟　赵芳节　王　庶

图书在版编目（CIP）数据

装修预算一本就够：畅销升级版 / 理想·宅编. —北京：化学工业出版社，2017.1（2021.2 重印）

（超实用装修宝典）

ISBN 978-7-122-28609-3

Ⅰ. ①装… Ⅱ. ①理… Ⅲ. ①住宅-室内装修-建筑预算定额-基本知识 Ⅳ. ①TU723.3

中国版本图书馆CIP数据核字（2016）第298092号

责任编辑：王　斌　邹　宁　　　　装帧设计：张　辉

出版发行：化学工业出版社（北京市东城区青年湖南街13号　邮政编码100011）

印　　装：天津画中画印刷有限公司

710mm×1000mm　1/16　印张12　字数280千字　　2021年2月北京第1版第7次印刷

购书咨询：010-64518888（传真：010-64519686）　　售后服务：010-64518899

网　　址：http://www.cip.com.cn

凡购买本书，如有缺损质量问题，本社销售中心负责调换。

定　　价：39.80元

前言

装修费用是大家最为关心的问题，也是装修过程中体现最为直接的方面，合理的装修预算不仅能够控制住整体装修费用支出，而且可以避免一些无谓的花费，做到一分钱做一分事。

本书基本上涵盖了家庭装修中与费用相关的各方面内容，包括装修前的资金规划、装修术语、装修预算制定、常见问题解答以及装修报价的详细参考明细等内容。

本书第一版自推出以来，以非常强的实用性受到了众多读者的好评。本版随着行业环境的变化，进行了不少内容与信息的更新与调整。此外，本次改版还对全书的结构形式进行了大幅度的调整，大大提升了阅读体验，同时对于章节内容也做了小范围的修订，使全书内容更为精炼、实用，参考性更强。

目录

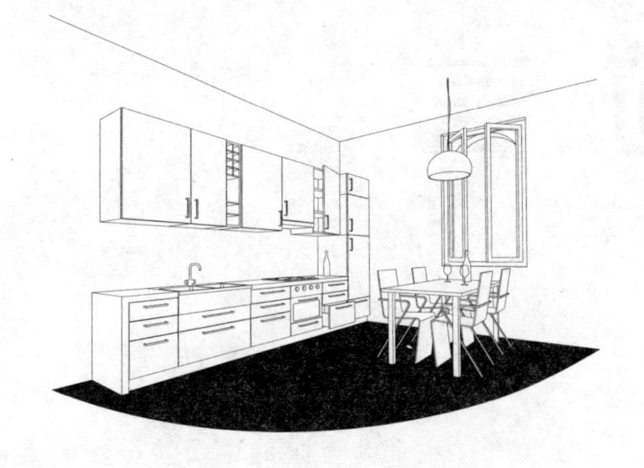

第一部分 装修前的规划

第二部分 家装预算常用术语了解

第三部分 家庭装修预算基础准备

第四部分 装修中与钱有关的常见问题

第五部分 装修报价参考明细

第六部分 家装常用预算表

第一部分 装修前的规划

要装修先得数数自己的“钱袋子”！要想将装修费用控制在自己的预算范围之内，必要的规划、方案制定一定要自己做；常见的报价“黑幕”多少要了解一些；装修的各个方面，也得提前有所了解。

装修预算的概念

大多数业主都有这样的感触，认为家装是个无底洞，尽管花费了大量的心血，广泛地调研，精心地筹划，却发现最终费用远远超出预算，结果是仓促筹款，草草收工。多数的业主在与装修公司讨价还价之后自认为得到了一个满意合理的预算报价，却不知预算报价单的背后实则藏着许多陷阱。

以上这些情况在实际生活中相当普遍，归结到一点是业主对装修费用的构成缺乏系统的了解，浮于眼前的表面数据，并不能反映装修工程的实际价款，更不能表明装修公司的真实利润。

1 装修预算

装修预算是指家庭装饰装修工程所消耗的人力、物力的价值数量。家庭装修工程的预算包括直接费与间接费两大部分。

（1）直接费。装修工程直接消耗于施工上的费用，一般根据设计图纸将全部工程量（m^2，m）乘以该工程的各项单位价格得出费用数据。

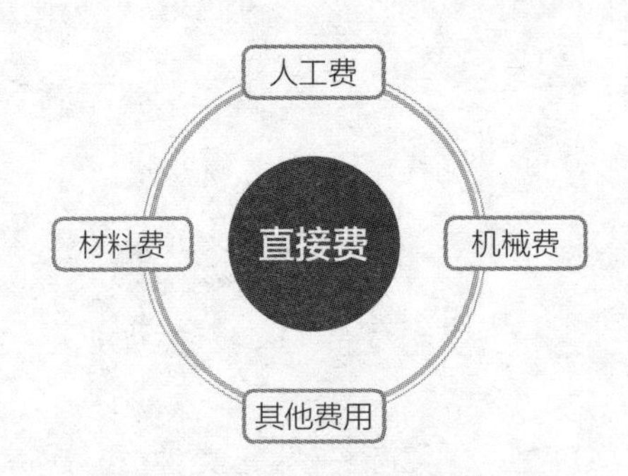

图 1–1　装修直接费

表 1-1 装修直接费内容

人工费	指工人的基本工资，即满足工人的日常生活和劳务支出的费用
材料费	指各种装饰材料成品、半成品及配套用品费用
机械费	机械器具的使用、折旧、运输、维修等费用
其他费用	根据具体情况而设定，如高层建筑的电梯使用费，增加的劳务费等

（2）间接费。间接费是装修工程为组织设计施工而间接消耗的费用，这部分费用为组织人员和材料而付出，不可替代。

图 1-2 装修间接费

表 1-2 装修间接费内容

管理费	指用于组织和管理施工行为所需要的费用，包括装修公司的日常开销、经营成本、项目负责人员工资、工作人员工资、设计人员工资、辅助人员工资等，目前管理费取费标准按不同装修公司的资质等级来设定，一般为直接费的 5% ~ 10%
计划利润	装修公司作为商业营利单位的一个必然取费项目，一般为直接费的 5% ~ 8%
税金	直接费、管理费、计划利润总和的 3.4% ~ 3.8%

2 预算报价计算步骤

总价 = 人工费 + 材料费 + 管理费 + 计划利润 + 税金

（1）所需的人工费与材料费之和；

（2）管理费=（1）×（5% ~ 10%）；

（3）计划利润=（2）×（5% ~ 8%）；

（4）合计=（1）+（2）+（3）；

（5）税金=（4）×（3.4% ~ 3.8%）；

（6）总价=（4）+（5）。

其他费用如设计费、垃圾清运费、增补工程费等按实际发生计算，上述公式可用于任何家庭居室装修工程预算报价中。

调查装修市场状况

市场调查是家庭装修计划的基础。

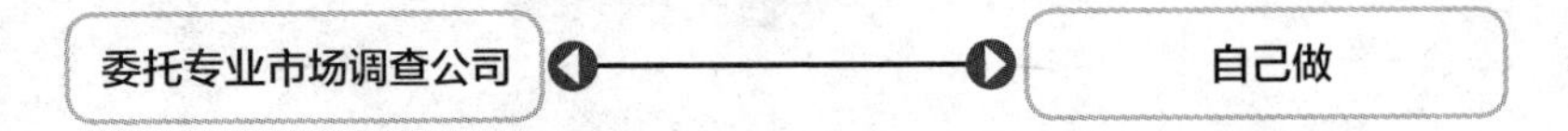

图 1–3　业主市场调查方式

由于成本方面的原因，一般家庭装修市场的调查多由业主自己来完成。

表 1–3　业主市场调查内容

调查目的的要求	根据市场调查目标，在调查方案中列出本次市场调查的具体目的要求 例如，本次市场调查的目的是了解瓷砖材料的价格、特性及质量等方面的问题
调查内容	调查内容是收集资料的依据，是为实现调查目标服务的，可根据市场调查的目的确定具体的调查内容 如调查装修公司的实力时，可按照资质、信誉度、设计能力和施工质量四个方面来列出调查的具体内容项目 调查内容的确定要全面、具体，条理清晰、简练，避免面面俱到、内容过多、过于繁琐，避免把与调查目的无关的内容列入其中

续表

样本的抽取	调查样本要在调查对象中抽取，由于调查对象分布范围较广，应制定一个抽样方案，以保证抽取的样本能反映总体情况 如对板材类材料的样本抽取时，可事先确定要使用板材的名称及花色，这样可达到有目的的样本抽取，避免做无用功

家庭装修方案制定

三居室为例，三居室主要有三室一厅、三室两厅两种结构。三居室尤其是三室两厅房是一种相对成熟、定型的房型，一般居住时间较长，业主对功能要求不同，个人的审美要求也不一样，装修设计时应注意以下问题。

1 分区齐全，布局讲究

装饰布局应考虑适用性，布局是否合理会直接影响使用效果。

（1）隔音性能好的房间做卧室；

（2）客厅内应如何减少门洞；

（3）厨房中工作台的设置和炊具的摆放；

（4）卫生间洁具品种和规格的选择及摆设位置；

（5）阳台是否需要封闭。

这一过程需要注意空间利用，采光及维修等问题。

表 1-4 分区布局注意事项

空间利用率	尽可能多用壁橱、吊柜、角橱，以提高空间的利用率
采光	尽可能考虑自然采光
维修	预埋水、电、通信、有线电视、音响等线路时要考虑今后维修的方便

三居室一般面积较大，可以做出各种主人需要的功能分区，如休息区、活动区、

生活区等，还要有一个相对独立的、较大空间的公共会客空间。

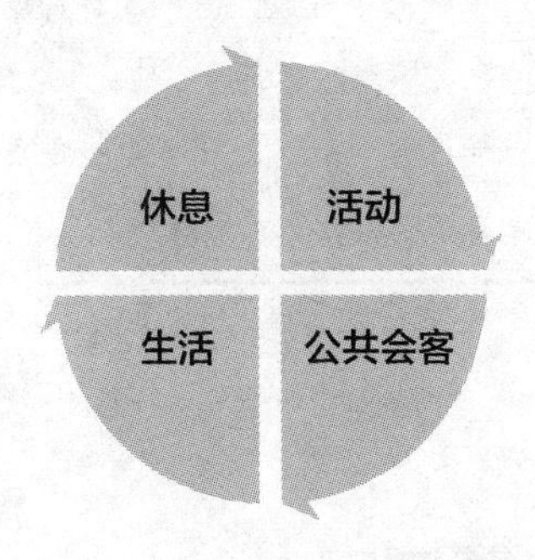

图 1–4　功能分区

三室一厅具有较充裕的居住面积，在布局上可以按较理想的功能居室划分空间，各功能空间各自相互独立，不会彼此干扰。

三居室的布局方式和色彩、形式也较为自由，各家庭成员可以按自己的喜好布置各自的房间，对起居室可结合全家人的心意共同设计。

三室两厅功能分区要明确，布局要讲究。尤其应注意布置两个厅，可根据需要将厅布置成餐厅和会客厅，两个厅的形式可各按主人的个人爱好来布置，但风格应统一。三室的布局一般是两间卧室，一间书房（或琴房、活动室等），有的户型中自带工作间（保姆房）和贮藏间。在具体设计三个居室的布置时应考虑到居住人口构成，如人口多可将一室或厅设计为卧室或客厅兼书房或工作室。若在主人的主卧室内布置书房，应有灵活分隔，避免相互影响。

2 突出风格，体现主人审美

装饰风格应考虑情趣性。

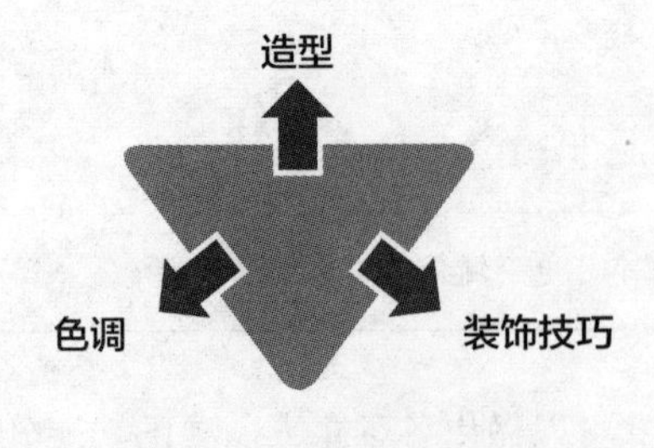

图 1–5　个性特征空间

无论是仿古风格，还是纯正的现代风格，或是欧式、日式风格，其主要区别无非在于造型、色调和装饰技巧上。一般来讲，一套住房不宜搞成几种风格的“大杂烩”，这样会给人以杂乱无章的感觉，但营造何种风格，主要还是看居住者的个人兴趣、职业特点、使用要求等。

三室两厅的功能空间特点如下。

（1）三室两厅的主卧室大部分自带卫生间。

（2）客厅的会客功能突出，可以兼有一定的视听功能。

（3）餐厅的视觉效果要精心设计，既要满足就餐需要，又要通过光线和装饰营造温馨浪漫的情调。

（4）在入口的设计中，大多增设玄关（小门厅）。

（5）墙面装饰要有一定的重点。

（6）灯具选用要考虑风格格调，要有画龙点睛的作用。

3 繁简恰当

装饰档次应考虑经济性，一般来说，档次的高低受业主支付能力的制约，但这也不是绝对的。有时花费多，档次却未必高，反之有时费用省，档次也未必低。对一套住宅的各个部位确定档次时一定要区别对待，突出重点。

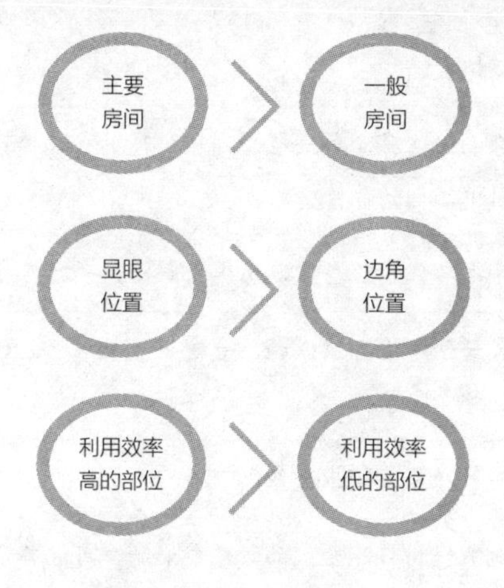

图 1–6　空间材料档次区分

档次的高低首先与材料相关，在材料的选择上应综合比较，有的主体材料价格档次虽高，但能一步到位，可节省辅助材料的施工费用；有的主体材料价格档次虽低，但辅助材料和施工费用及未来的附加费用并不少，这就需要业主进行全面的比较。

装修高档豪华一些，并不意味着要装得太满，该简处要简，该繁处须繁。如储藏空间要大一些，洗衣、洗澡、做饭、冷藏等生活设施的设置要齐全并具备一定档次。而居室墙面等的设计就要以简洁为宜，不要添得过满，不妨留点白。

如何选择装修档次

家庭装饰的主要内容是对地、墙、顶做饰面处理，对门窗进行改造，对厨房、卫浴、灯具等设施进行更换与改造，以及配套家具的制作等内容。在选择装修档次时，可参考以下因素。

表1-5 装修档次选择

经济能力	一般收入的应选择中档装修。经济收入富裕的可选择较高档次的装修，应根据实际情况选择
住房面积	住房面积较大的（超过100m^2）宜选择较高档次的装修，面积小的宜选择中低档装修
住房售价	售价高的住房（如别墅、高级公寓）宜选择较高档次的装修，普通住房宜选用中低档的装修
居住者	老年人居住的住房宜选用中档装修，年轻人可根据自己喜好选择
居住年限	长久居住不准备换房的，宜选用高档装修；面临乔迁或准备乔迁的可选择重装饰、轻装修
家具档次	住宅装修与装饰应当匹配
装修材料供应	当地装修材料齐全、品种质量好的，可选择高档装修

续表

装修施工技术	如果请比较高级的装修公司（例如一级资质的装修公司），可选择高档装修
居住环境	可参考平均居住及装修水平，选择适合自己的装修档次

不同档次的预算规划

表 1-6 不同档次预算规则

简单装修的预算规划	如果只是想简单装修自己的家，那么预算做到 500 元 /m^2 即可。如一套二室二厅面积为 80m^2 的居室，装修预算（硬装费用）应为 4 万元左右
中等装修的预算规划	对于资金相对比较充裕的家庭来说，创造一个中等装修的家的花费大概在 1000 元 /m^2。例如一套三室二厅面积为 100m^2 的居室，装修预算应为 10 万元左右
高档装修的预算规划	想拥有一个豪华、气派的家，那么大概需要 2000 元 /m^2 以上的花费了。例如一套面积 150 ~ 250m^2 的居室，装修预算应为 35 万 ~ 80 万元

装修资金的重点分配

1 重客厅轻卧室

“大厅小卧”的形式越来越多，因此不妨对客厅的投入多一些，对卧室的装修少花一些。装修客厅最重要的是要体现这个家庭的特色，顶、墙、地的处理不仅质量要高、材质要好，而且装修手法上要新颖。在家具的配置、装饰品的选用上，客厅所占的份额应是整个预算中最大的。与此相反，卧室的装修和装饰以简洁、温馨为主，用不着太过雕琢。

2 区别对待顶面、墙面、地面

目前家居房间的净高普遍比较低，大约在 2.5 ~ 2.8m 之间，为了不致产生压抑感，房间的顶部处理以简单为宜。墙面的装修也是以简单为宜，这样做既节约经费，效果也好些。对于地面的装修则需要下工夫了，因为地面装饰材料的质量和颜色，决定了房间的装饰风格，而且地面的使用频率明显要比墙和顶面高。就地面材料而言，质感、装饰效果俱佳的木地板更适合家庭使用。

3 厨房、卫浴重点投入

厨房是家庭中管线最多的地方，装修时也最让人头痛。多投入一些资金，把厨房搞得漂亮一点是很值得的。卫浴的装修也存在同样问题，因为许多卫浴的通风和采光都很差，所以在装修上更要下一番工夫，多投入一些资金也是值得的。

怎样准备装修资金才能达到合理不超支

一套房子的装修基金大致用于以下几个部分：

（1）水电线路改造；

（2）家具、顶面（包括买、做）；

（3）厨卫墙、地面防水；

（4）油漆、涂料；

（5）橱柜；

（6）卫浴洁具（坐便器、浴缸、洗脸台）；

（7）地板、地砖；

（8）五金材料；

（9）门槛石（阳台石）；

（10）厨卫、阳台瓷砖；

（11）灯具；

（12）窗帘及其配件；

（13）电器（热水器、空调、抽烟机、燃气灶、排风扇等）；

（14）防盗门；

（15）厨卫吊顶；

（16）灯具、洁具等的安装费；

（17）大小装饰品。

> 很多业主会在（2）、（3）、（4）项上和装修公司讨价还价，而忽略了第（1）项。业主在水电改造上开始看到单价以为不会花很多钱，盲目地要求把各种线路敷设到各个房间。结果，决算时往往会超出预算。水电改造要求其安全性极高。网络及音响线大可不必每个房间都有。但是，空调和插座要尽量考虑周全一些，该埋的、该换的绝不能省。审核装修合同时叫公司拿出基本的水电改造单价。
>
> （6）~（17）项的资金投入可以是业主自主决定的。跑过市场后，了解品牌、比较价格、有计划地支出是每个业主要做好的。长期使用的设施要美观实用，例如：坐便器、橱柜等。有损耗、随时可以更换的东西要缩小投入，例如：窗帘、沙发等。

利用有限资金达到满意目的

如何利用有限的资金达到满意的装修目的，在家庭装修之前就必须作出周密的“策划”和精心的准备。在进行装修洽谈之前，业主最好先做好三个策划方案，方能有备无患。

1 到底要花多少钱

> 以一套使用面积在 100m² 左右的三室两厅计算，如果包括家具和后期装饰，整个装修工程花费在 10 万元左右，最低可以减到 5 万元，最多则可突破 50 万元。由此可见，家庭装修工程的投入有很大弹性，因此一定要量入为出。

由于家庭装修具有一次性的特点，业主不妨将资金的使用重点放在装修上。对于资金相对紧张的家庭，可以先将装修做好一点，以后再购买与之相配的家具和装饰品。

2 到底需要些什么

当拿到新居的图纸时，不妨把家人聚在一起，畅所欲言，说说对新居的要求。最后再根据这些要求分配空间，确定每个房间和功能性空间的用途。而对于家人的审美性要求，则要“求大同、存小异”，在住宅整体装修风格和谐、统一的基础上，尽量让所有家庭成员满意。

3 哪些细节没想到

在家庭装修之前，应对空间中的细节考虑周全，主要是要对房间家具、电器等物品的布置有一套周密合理的规划。最好绘出简单的平面工程草图，标明空间分配和家具的位置。这些细节总是在装修前想得越全面，装修中的改动、装修后的遗憾就会越少。对于空间内线路的走向和插座的位置，要为未来购置的空调、电热水器、微波炉等家用电器作准备，因此需要特别注意。

对装饰公司要有所了解

1 装饰公司

装饰公司是由集体或私人以法人代表身份在工商管理部门和国家行业管理部门进行注册的营利性商业单位，从事室内装饰工程、材料销售运输及物业管理等多种经营项目的法人单位。业主在选择装饰公司时应注意下列几点。

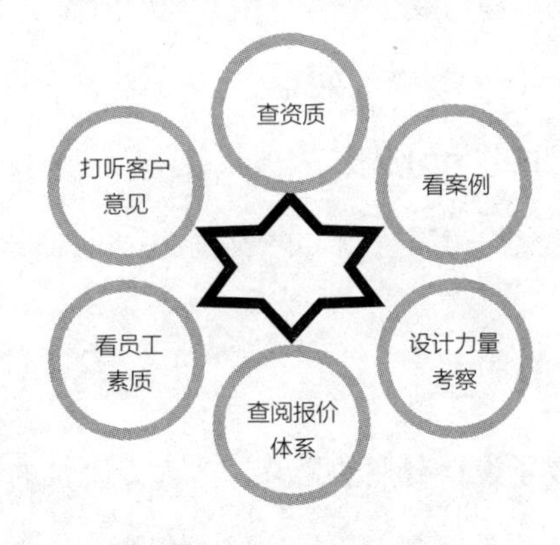

图 1-7　选择装修公司要素

（1）查资质。看装饰公司是否有正规的营业执照、资质证书及等级，是否具备相应的设计、施工能力。

市场上的装饰公司主要分为直营店和加盟店两种，前者的管理和资质独立享用，可靠性较强，但取费较高；后者的营业执照及资质证书都是沿用总店的，为获取业务，价格相对较低，业主在调查市场时应认真比较。

（2）看案例。参观装饰公司已完工的住宅案例，了解其设计水平和工艺水平，着重关注装饰细部的平整度、边角的锐利度等。不少公司为获得装修业务，拉拢客户，通常花高价将样板房设计和施工都做得非常精细，而实际为业主提供的则是平庸甚至低劣的服务，业主应参观一家公司的多家样板房再做出最后决定。

（3）设计力量考察。了解装饰公司的设计力量。知名装饰公司都有固定的优秀设计师，市场认知度较好；而规模较小的装饰公司则因操作成本减少，常聘请无多少设计经验的绘图员充当设计师，方案一般不够成熟。

（4）查阅报价体系。查阅装饰公司的报价体系。业主应将自己从市场上考察得来的材料价格和施工价格熟记在心，比较装饰公司的额定价格，看其透明度如何，并与其施工工艺比较，看性价比是否合算。

（5）看员工素质。装饰公司的员工素质是公司的外部形象，业务员、设计师态度热情，谈吐严谨，措词准确对业主而言是信誉良好的保证。

（6）打听客户意见。了解新房所在周边区域的装修客户，如涉及所考察的装饰公司，可听取相应客户对该公司的评价。

如果消费者对以上六点均为满意，就可放心聘用该装饰公司进行装饰设计施工。

2 设计师

市场经济的发展促成了设计行业的繁荣，各大专院校的设计专业如雨后春笋，但设计师的个人潜力和素质是来自于工作经验的积累，选择一名经验丰富的优秀设计师实属不易。

表 1-7 家装行业设计师分类

类别	说明
公司聘用专职设计师（绘图员）	为所在公司专职服务，所取设计费由所在公司制订标准，个人获取提成，但流动性较大。如业主是大户型的装修，需要长期施工，则应与公司协商，认定某一设计师全程指导。
自由职业设计师	能力较强、经验丰富，设计取费较高，可通过熟人引见，对于装修投入较大的业主可适当选择。

业主在选择设计师时应注意下列几点。

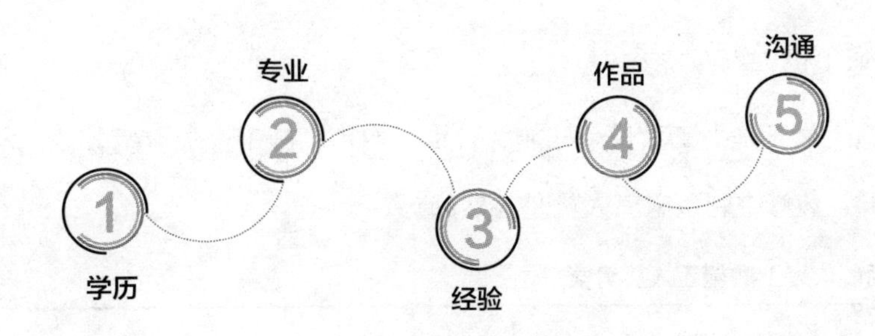

图 1-8 选设计师要素

（1）学历结构。一般来说科班出身的设计师相对设计能力较强，经验丰富，水平有保证。而不少小型的加盟装饰公司为节约经营成本，聘用电脑培训班的操作员作为设计师，往往很难有好的设计。

（2）专业背景。现今设计师的专业出身主要有建筑学、室内设计、环境艺术设计、装潢设计等多种专业，也有其他行业，如计算机、多媒体信息等，毕业后转入装饰行业的，门类参差不齐，大型装饰公司的操作方式一般是将两至三名不同专业背景的设计师组成设计小组，承接某一户型的设计创意方案，从各层次各角度合理分配各设计师的优势。如是小型公司则应选择当地知名艺术设计院校毕业的室内设计或环境艺术设计专业背景的设计师。

（3）工作经验。工作经验是设计师个人能力塑造和工作年限的积累，从谈吐言辞中可察觉到其能力素质。

（4）了解设计师的创意作品。选择适合自己的风格形态。省会及以上的大中城市每年都会举办装饰设计比赛，该设计师能参加并获得奖项，则可比较信赖。但是要注意比赛奖项的权威性，有的装饰公司为扩大知名度私自购买奖杯、自制奖项，因此需要将设计师的作品深透了解才可下结论。

（5）沟通方式。向设计师说明家庭成员的数量、年龄、喜好及特殊要求，提出自己的预算金额上限，最好能邀请设计师到住宅装修现场实体考察，边看边谈，这样不会漏掉局部细节。当设计师提出自己的方案时，应充分考虑其合理性，不宜一味否定，毕竟优秀的设计师经验丰富，必定会为客户考虑周全，满足主要装饰功能。

3 施工队

装饰施工最终是由工人付诸实施，目前国内市场施工人员取费较低，与国外发达国家不同，装修中聘请施工人员是必然趋势。

表 1-8　目前市场上的施工人员分类

正规劳务制施工人员	固定受聘于某一装饰公司，作息时间严格，工艺标准统一，设有相应的工种管理人员，但由公司直接控制，在装饰工程中的变更方案，尤其是增加工程量都需要层层上报，审批手续繁琐，价格较高
闲散临时施工人员	俗称的“游击队”，是农村闲散劳动力进入城市后形成的一个社会阶层，工艺水平不一，价格上下浮动较大，成为不少中低收入家庭装修施工的首选主力军

随着市场竞争的加剧，闲散的自由施工者为了包揽业务，通常对自己的形象和身份加以包装，如挂靠某一装饰公司，甚至通过各种渠道将正规装饰公司的营业执照复印件四处招摇，以蒙蔽业主，切不可上当受骗。业主在选择施工队时应注意下列几点。

图 1-9　选择施工队注意要素

（1）人员组织结构。正规齐全的施工队应配备相应的水工、电工、木工、油漆工、小工（搬运除渣等辅助人员）等，各工种中大小师傅配置合理，工期进度稳定。

（2）工地参观现场。业主可对有意向的装饰公司和施工队进行现场考察，与施工员直接对话，了解他们的制作流程和特色。

（3）个人素质。看其工作态度是否严谨认真、生活作风是否正派等都是保障业主利益的关键。

（4）专业应变能力。家庭装修不同于公共建筑物的装修，如家庭成员意见的不一致必然反映在工程的施工过程中，没有较强的现场设计能力和灵活的现场指挥机制，很难准确地实现房主提出的构思和设想，最易发生纠纷和矛盾。

施工专业能力的考察除对以往工程图纸和作品进行分析外，就是在现场测量、设计交底时判定，如果在现场测量、设计时，能够较好地体现自己的装修意图，并提出几个方案供选择，其专业能力不会有太大的问题。

装修队与装修公司

如果业主是这个行业中的人员，或者有这方面的朋友，那么找个装修队是最好的，如果业主对此一点不懂，那么最好找装修公司。

表 1-9 装修队施工特点

1	装修队会便宜一些
2	装修队没有什么保修，如果以后发生了问题，要自己找人修理，自己买材料
3	自己买材料会出现运输费、搬运费等费用

如何与装修公司打交道

1 与装修公司的接洽

业主与装修公司开始接触时，把一些必要的相关的信息交代给装修公司，看他们是否接受。如果装修公司同意承接家庭装修工程，才能进入具体的设计、报价和协商阶段。

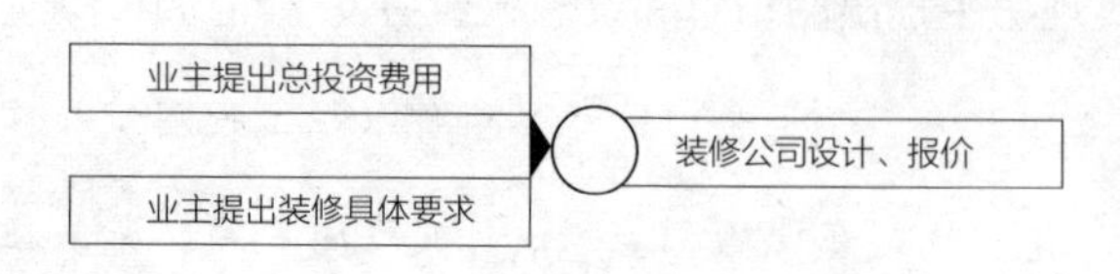

图 1-10　装修公司报价方式

许多业主愿意采用第二种洽谈方式。

2 与装修公司的谈判技巧

（1）沟通初始就应向设计师表明自己的投资预算、爱好、职业、装饰材料的选择、物品的取舍等情况，以便设计师根据业主所提出的要求，完成令其满意的设计方案。

（2）尽量要让设计师把选用的装修材料的产地、品牌、品质、颜色、规格、价格明白无误地告知自己，并应该尽可能地见到实物，以便亲自选择。选择的办法最好是多逛装修超市。

（3）装修报价最好有每项工程单价的材料和工艺说明，因为价格的高低来自材料的品牌和档次及不同的施工工艺。作为业主如果有不懂的地方，就应及时问，特别是对电气、防水这些工程项目的施工工艺要多加细心询问，直到清楚为止。另外，还要明确每项单价的计量方法。

如何签订装修合同

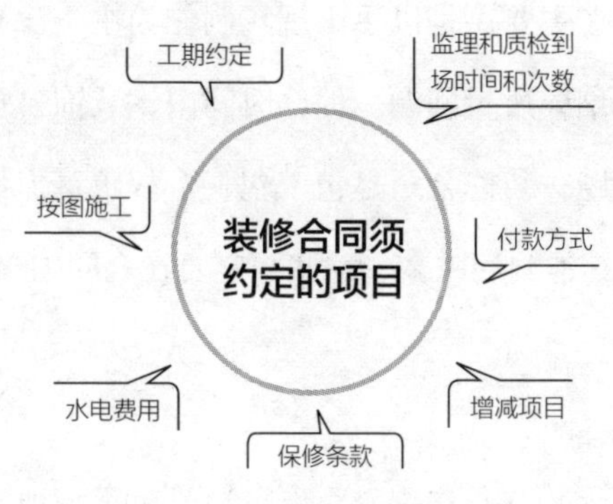

图 1-11 装修合同内容

1 工期约定

一般两居室 100m^2 的房间，简单装修的话，工期在 35 天左右，装饰公司为了保险，一般会把工期约定到 45 ~ 50 天，如果业主着急入住，可以在签订时和设计师商榷此条款。

2 付款方式

装修款不宜一次性付清，最好能分成首期款、中期款和尾款三部分。

3 增减项目

装修过程中，很容易有增减项目，比如多做个柜子，多改几米水电路等。这些都要在完工的时候交纳费用的。那么这些项目的单价究竟应该是多少呢？如果等到已经开工后，那这可能就是设计师来做决定了。所以如果有可能，最好能复印一份装修公司最初给出的完整报价单，以免在签订合同或是增减项目时，装修公司偷梁换柱，改换价格。

4 保修条款

装修的整个过程现在主要还是以手工现场制作为主，没有实现全面工厂化，所以难免会有各种各样的细碎质量问题。保修时间内，装饰公司应该实施的责任就尤为重要了。如果出了问题，装修公司是包工包料全权负责保修，还是只包工，不负责材料保修，或是还有其他制约条款，这些一定要在合同中写清楚。

5 水电费用

装修过程中，现场施工都会用到水、电、燃气等。一般到工程结束，水电费加起来是笔不小的数字，这笔费用应该谁来支付，在合同中也应该标明。

6 按图施工

严格按照业主签字认可的图纸施工，如果在细节尺寸上和设计图纸上的不符合，可以要求返工。

7 监理和质检到场时间和次数

一般的装修公司都将工程分给各个施工队来完成，质检人员和监理是装饰公司对他们最重要的监督手段，他们到场巡视的时间间隔，对工程的质量尤为重要。监理和质检，每隔 2 天应该到场一次。设计也应该 3 ~ 5 天到场一次，看看现场施工结果和自己的设计是否相符合。

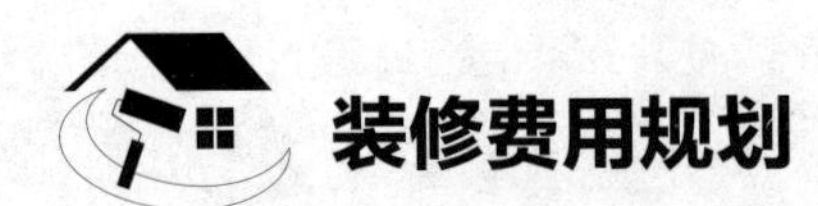

装修费用规划

房屋装修对每个家庭来讲都是一件大事，因此在装修之前应做好各项准备工作。仔细做好家庭装修预算是装修的第一步。

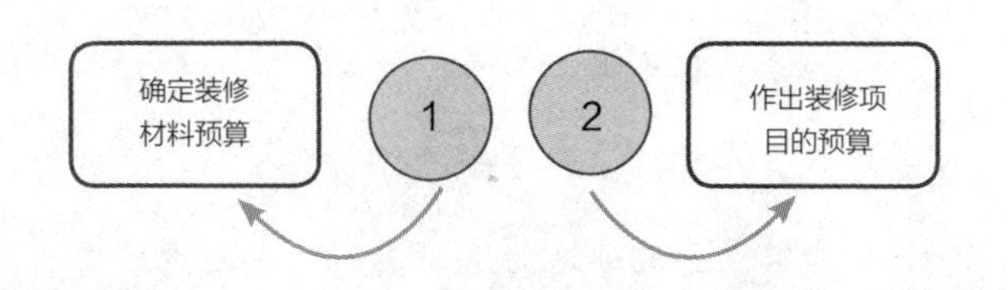

图 1–12　装修预算规划两步走

1 确定装修材料预算

首先家庭成员要对装修的基本内容达成一致，比如做不做家具、地面铺什么材料、各房间的功能是什么等。然后到各大装饰市场做一个摸底，包括装饰用的墙面涂料、地板（复合与实木）、墙地砖、各种装饰板材、洁具、厨具等。在掌握了各种材料的大致市场价格以后，建议不妨全家坐下来进行商讨，了解上述材料的品牌、材质、产地、性能、价格等方面的情况，这样有利于在和专业装修公司洽谈的时候做到心中有数，并且可以根据掌握的一手情况大致做一个前期预算，以便合理地安排装修的项目和准备相应的资金。

2 做出装修项目的预算

业主手上要有新居室的平面图，将客厅、卧室、书房、餐厅、厨房、卫生间的居住和使用要求、设施要求在图纸上定下来，并列出将做项目的清单，再根据装饰市场提供的价格参数进行估算，得出一个前期的预算。

3 装修档次不同，预算不同

家庭装修是一项综合工程。它有许多未知的因素存在，也有不同的档次之分，这就需要给装修公司一个布局、规划的时间（约一周时间），以便根据不同的装修档次确定出一套适合您的方案和预算。如果是简单装修，对木地板、乳胶漆、墙地砖、胶合板等基础大项材料进行专项了解，核算出的价格就基本是总造价的主体了；如果是高档次的装修，除了基础项目外，还要留出一定空间让设计师从美学的角度进行点缀。

装修要想省钱，第一步就是要找一个好的设计师，这一步走好了，就能达到事半功倍的效果。一个好的、合格的设计师能够设身处地地为客户着想，利用设计中的对比处理，把钱花在点子上，而部分项目使用一些相对便宜的材料即可，这样的花费主次分明，能在有限的预算情况下实现装修效果的最大化。好的设计师还会为客户提供用材方面的建议，分析不同材料的优劣，避免了由于选材失误而造成遗憾和损失。

另外，一个好的设计方案能使整体计划得到保证，避免由于不必要的错误而引起的返工费用。比如没有经过专业设计，自己随意想出的装修造型，做出后发现很难看，不得不返工重做，无形中就造成了材料和人工的浪费、重复。

在预算规划过程中，具体可以从以下几个方面入手考虑。

图 1-13　装修费用规划考虑因素

1 确定装修花费比例

根据不同的装修档次区分，装修制造安装造价与主材造价合理投资分配比例如下。

（1）装修投资总金额（含制造安装与基本主材，不含洁具、灯具、锁具、拉手、窗帘、活动家具、电器）。

表 1-10　不同档次的费用分配

档次	费用分配
中档偏下装修	制造安装工程约 70%，主材约 30%
中档装修	制造安装工程约 65%，主材约 35%
高档装修	制造安装工程约 55%，主材约 45%

（2）整个房屋按常规功能装修，以中档装修局部投资比例如下（含相应主材）。

表 1-11　不同空间的费用分配

空间	比例
客厅（含阳台，匹配中档瓷砖）	约占 22%
餐厅（匹配中档地砖）	约占 10%
厨房（匹配中档地砖、橱柜）	约占 17%
卫生间（含主、次卫，匹配中档瓷砖）	约占 7%×2 ＝ 14%
主人房（匹配中档复合地板）	约占 15%
书房（匹配中档复合地板）	约占 10%
儿童房（匹配中档复合地板）	约占 12%

2 选择合理的装修施工形式

目前装修市场上的施工方主要有三种工程承包方式，随之而来预算也有三种形式：包工包料、包工包辅料、包清工。

材料分两个方面，主要材料和安装材料，一般安装材料称为辅材。例如铺地砖和地毯，地砖、地毯为主材，水泥、砂子、地毯压条及垫底配件属于辅材。

（1）包工包料。包工包料是指将购买装饰材料的工作委托给装修公司，由其统一报出装修所需要的费用和人工费用。包工包料是装修公司非常喜欢也较为普遍的做法。对于业主来说，这种方式能省去很多购买材料可能出现的麻烦。

一般来讲，正规的公司都有很高的透明度，对于各种材料的性能、规格、工艺、等级、价格等都能向业主清楚地说明。此外，由于装修公司经常与材料供应商打交道，供货渠道比较稳定，很少会买到假冒伪劣品，同时大批量的购买，价格也会相对较低。

表 1-12 包工包料的优缺点

优点	省去业主大量的时间和精力
	所购材料基本上均为正品
缺点	装修公司在材料上有很大的利润空间
	偷工减料现象严重

如果业主工作很忙，几乎没有时间和精力投入装修；或者很在乎装修品牌效应，不在乎开支多少；又或者是对装修一无所知，且又不愿学习或不愿多逛市场，那就可以选择包工包料。但是，为了保障自己的合法权益，千万记住在装修之前，在合同中明确各种材料的质地、规格、等级、价格、用量、工艺做法；对于各种施工步骤，要明确具体流程，对于总开支，要有明确预算并确保增加项在规定百分比范围以内。

（2）包工包辅料。指业主自备装修的主要材料，如地砖、釉面砖、涂料、壁纸、木地板、洁具等，由装修公司负责装修工程的施工和辅助材料（水泥、砂子、石灰等）的采购，业主只要与装修公司结算人工费、机械使用费和辅助材料费即可。

表 1-13 包工包辅料的优缺点

优点	相对省去部分时间和精力
	自己对主材的把握可以满足一部分“我的装修我做主”的心理
	避免装修公司利用主材获利
缺点	辅料以次充好，偷工减料
	如果出现装修质量问题常归咎于业主自购主材

采用这种方式装修，业主需要对装饰主材有一定的鉴别能力，有较充裕的时间和精力采购材料，所购装饰主材的品种较少。

（3）包清工。包清工是指业主自己购买材料，装修公司制负责施工。

表 1-14 包清工优缺点

优点	将材料费用紧紧抓在自己手上，装修公司材料零利润；如果对材料熟悉，可以买到最优性价比产品
	极大满足自己动手装修的愿望
缺点	耗费大量时间掌握材料知识
	容易买到假冒伪劣产品
	无休止砍价导致身心疲惫
	运输费用浪费
	对材料用量估计失误引起浪费
	工人是不会帮你省材料的
	装修质量问题可能会全部归咎于材料

如果业主有足够的时间和精力，并且对材料有充分的了解，并且有信心能够完全把握自己房子的每一种装修材料的选择，可以选择这种方式。但千万要注意：一定要花大量时间先熟悉市场，把握每一种材料的用量，并遵守宁少勿多的原则，同时严格掌握工地材料用量，把握各施工项目的工程量。

3 做出合理的预算方案

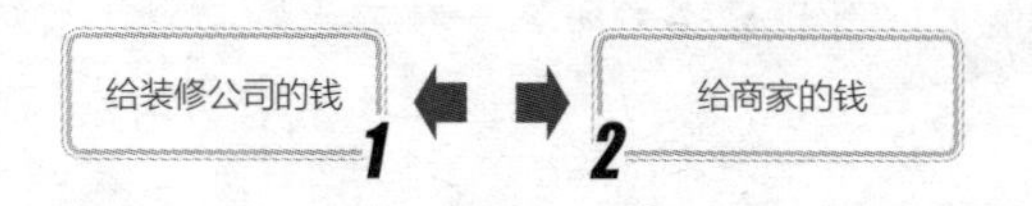

图 1-14　预算方案费用划分

做预算方案前列两张表，第一张表是给装修公司的钱，内容分为：项目名称、单价、数量、数量分配（比如墙砖数量是50m²，数量分配一栏要写明厨、卫、阳台的分区数量，这样在买砖的时候就能分门别类分花色买，不同规格的砖工人收不一样的铺装费）、工艺说明（就是自己给的这个钱工人要做什么事，做到什么程度，越细越好，这样可以避免日后起争执）。

在列这张表时要注意的问题有：单价定下来就不能变，数量则应以实际施工的数量来结算，装修公司通常会在结算时虚报数量，所以，先把单价确定下来，把实数量准了，看着虚数也别声张，结算时再主动邀请工人量，按实数结。

根据经验，在预算中无法估定的项目有：装灯的数量，轻钢龙骨包管的数量，石膏板包管的数量，暗 / 明装电路，水路的数量（长度），垭口的数量（有时计划某个地方做门，最后一想，还是垭口好，或者相反），各种柜子的数量（m²）等。

第二张预算表是你要给商家的钱。这张表和装修合同无关，不过，要经常拿着它和工人们沟通。

表 1-15 实际购买材料明细表

房间	商品名称	规格	预算单价	数量	金额	用途 / 功能	实际购买单价 / 金额	注意事项

除非特别注明，所写的都是必须买的，实际购买时，可以设法减少单项价格，但是不可以减少项目。

4 确定装修材料、工艺及价格

在合同签订前弄清自己所需要的材料、施工程序以及服务项目，检查报价单所列项目的名称、材料、数量、做法、单价、总价，并要求装修公司提供“材料合格证书”报表。

（1）工艺做法。一些装修公司给业主的预算书上，装修公司或工头报价时由于业主更多地关注单项的价格，因此只列简单的项目名称、材料品种、价格和数量，而没有关键的工艺做法。因为具体的施工工艺和工序直接关系到家庭装修的施工质量和造价。没有工艺做法的预算书，有很多不确定的因素，会给今后的施工和验收带来很多麻烦，更会给少数不正规的装修公司偷工减料、粗制滥造开了“方便之门”。例如：柜体、柜框用大芯板，实木收边，水泥刷界面剂，纸面石膏板封面等，都是不规范的。

（2）确定材料价格。签约时，装修公司一般会将某一材料笼统报价，施工时便更换低价的单项材料，由于双方在合同中事先并没有明确到底用哪一种品牌的、规格的产品，所以很可能装修公司就选用功能相对最差的材料，从而在同等的费用基础上，降低了装修质量。例如在玄关项目上，只列出玻璃单价多少，而不注明是什么玻璃，从而在材料的选择上存在很多说不清楚的地方，使装修公司有机可乘。通常情况下，预算书上的单位价格都是加上人工费之后的价格，有时要比实际价格差出很多。所以在审查单价时，可以向装修公司仔细询问价格的制订过程。

建材巧选购

在装修中，只要用材适当，能节省不少费用。装修材料也不能一味以价格来决定购买行为，要掌握一定的原则，例如家中常用到的一些五金配件、某些与人体经常能接触到的地方要用好的产品，而少用、不常用的材料、与人体没有直接接触的地方可用些中低档的产品。

（1）在买材料之前一定要做好市场调研，货比三家。逛建材市场，主要看一些家居装修主材的款式、价格，比如家居装修柜体用的板材、卫生间内洁具瓷砖、地板材料玻化砖、木地板、墙面材料油漆等。逛的时候，最好带上笔和纸，记录下不同的品牌、同等材质的价格，或是厂商的联系方式，以便比较和选择。同时，也可利用网络，上网查询自己看中的品牌，并加以判断，最终确定购买的品牌。

（2）逛建材市场不能盲目逛，毕竟时间也很宝贵。一般来说，比较 2 ~ 3 家即可，例如选择一两家有规模的品牌建材超市和一家传统的建材市场。但千万别贪便宜到小商店购买，那里被骗的概率大，售后服务也没有保障，最好选择大的、可靠的商家。

（3）购买材料还可利用节假日或品牌商家开业之机，此时通常都会有价格战或促销产品，往往能得到很大的实惠。当然，购买材料也可选择一个商家集中采购，争取最大优惠。

5 选择优秀的施工队

高质量施工可提高工作效率，缩短工期，高素质施工员会在取材下料时精打细算，减少了材料的浪费，使损耗降低，业主也因此得益。如果施工队人员素质低下，则不能达到预期装修效果，甚至还会埋下安全隐患，造成返工，而损失和浪费最终还得由客户承担。

6 合理签订合同

（1）一般情况下，装修公司或工头与业主之间在最后签订合同前都会来回就报价单修改好几次，关注的焦点从单价到面积、总价和工艺说明都有，如果谈得差不多，对方会给业主一个最后给定的样本，要求业主确认并签合同。这时一定不能想当然地认为该表和以前谈的一样，一些不良的装修公司或工头就会在工艺说明或面积上做些手脚，简化一些工艺或者说对某些材质进行偷换。

（2）在合同条款中，装修公司经常会使用一些模棱两可的词句，炮制一些不具体或可有多种解释的条款，等着业主上当。如果装修方在签合同之前没有就具体条款进行详细理解，一旦施工开始，就只能完全听装修公司一面之词了。尤其是关于违约条款，双方如果界定不明确的话经常会发生纠纷。

（3）在签订合同时，一定要亲自逐项比较和核对相应的条款，看是否跟装修公司或工头谈妥的最后条件一致，不能忽略任何细节，不要给对方留下任何可乘之机。例如，谈的时候是说用九厘板，可后来签合同的时候变成了三厘板。

（4）一般来讲，装修合同有些内容是一定要有的。

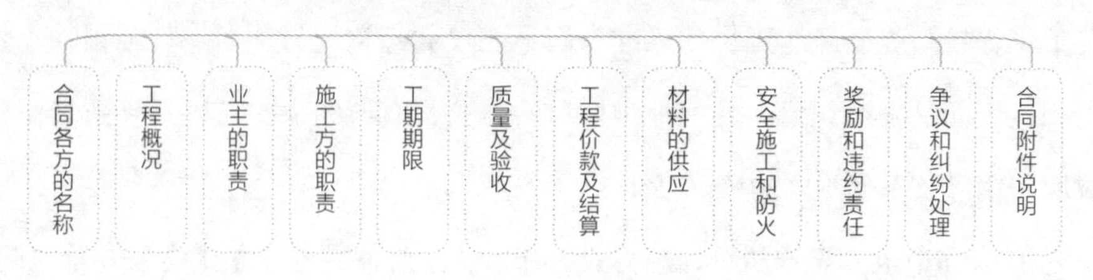

图 1-15　装修合同必要内容

① 工程概况是合同中的一部分，它包括工程名称、地点、承包范围、承包方式等方面的内容。

② 双方的职责是分清楚双方的责任和事项。如业主给施工方提供图纸或做法说明，腾出房屋并拆除影响施工的障碍物，提供施工所需的水、电等，办理施工所涉及的各种申请、批件等手续。

③ 施工方的职责具体包括：拟定施工方案和进度计划，严格按施工规范、防火安全规定、环境保护规定、环保要求规范、图纸或做法说明进行施工。做好质量检查记录、分阶段验收记录，编制工程结算，遵守政府有关部门对施工现场管理的规定。做好保卫、垃圾清理、消防等工作，处理好与周围住户的关系，负责现场的成品保护，指派驻工地管理人员，负责合同履行，按要求保质、保量、按期完成施工任务等。

④ 在合同中必须要对材料供应作出规定。由业主负责提供的材料，施工方应提前 3 天以上通知业主，施工方应在工地现场检验、验收。验收后由施工方保管，保管不当造成的损失由施工方负责，当然也可以适当地支付一些保管费用。如施工方提供的材料不符合质量要求或规格有差异，应禁止使用。

⑤ 在合同中应规定工程质量如何验收，以什么标准要明确，为了避免不必要的争端，规定一个验收标准是必不可少的。

⑥ 在合同里必须注明，在什么情况下允许推迟，在什么情况下不允许，如果推迟每天罚款多少必须注明。

⑦ 合同中还要规定双方违约责任和工程款及结算约定。必须严格按照双方约定的付款规定进行工程款的支付，在支付每一阶段的款项时，业主都应该自己亲自计算一下工程量是否已经达到付款标准，而不能仅凭感觉就付款。一旦工程款支付超出工程进度而又发生纠纷时，就很难再对装修公司有所约束，还容易导致装修公司多收取费用以及态度不好的情况发生。

⑧ 在合同中也要规定纠纷处理方式，有第三方监理的可以先让第三方监理调解，如果调解不成，必须注明到什么机构进行协商、调解解决。有以下几种方式可以采用：

向业主协会请求帮助处理此事；向工商行政管理部门请求帮助处理此事；向仲裁机关提请仲裁；向当地的法院提起诉讼。

⑨ 在合同中必须注明保修内容，保修期限。

⑩ 在签订合同时还应该注意一些其他的细节方面：合同的主体是否明确，合同中的名称和联系方式。有的时候，有些装修公司只盖一个有公司名称的章，业主必须要求装修公司将内容填满，并进行核对，看名称是否和公司盖的章一致；装修工程书面文件是否齐全；双方权利义务是否清楚、全面；增减项目是否计入合同；质量标准是否清楚。

装修费用的简易估算方法

在对所选装修材料的市场价格及各种做法的市场工价了解的情况下，对实际工程量进行一些估算，据此算出装修的基本价，以此为基础，再计入一定的材料自然损耗费和装饰单位应得利润。通常材料的综合损耗率可以定在 5% ~ 7%，装修单位的利润一般在 13% 左右。

了解常见预算报价黑幕

如今大多数业主对装修市场并不了解，即使是有过装修经验的业主也都是数年前的事情了，装修材料更新日新月异，其价格无法令每个人常记在心，很多装修公司抓住业主的这一弱点，频频设置陷阱，造成业主不必要的经济损失。因此，对于普通业主来说，了解必要的装修预算常识是非常关键的，它可以让自己的家居装修费用支出做到合情合理，最大限度地避免上当受骗。

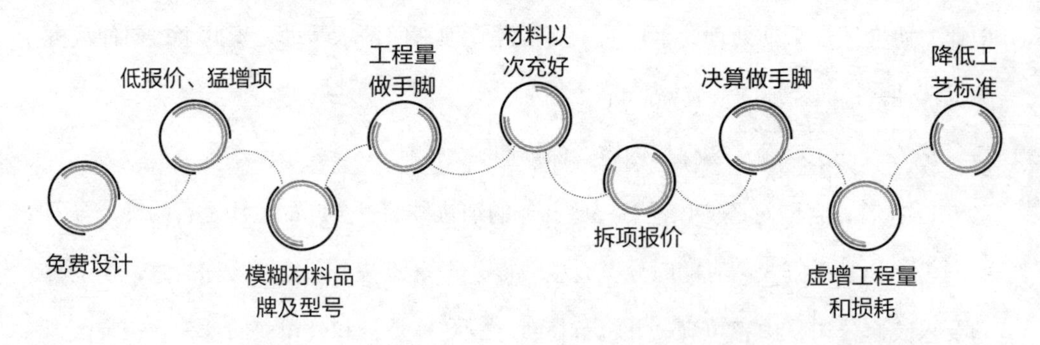

图 1-16　常见预算报价黑幕

1 免费设计

在一些打着“设计不收费”招牌的装修公司，设计师都是先拿出一大堆平面图、效果图让顾客选择风格。然后再简单询问面积大小、房间朝向等基本情况后，很快就从电脑里拿出一张“适合你房子要求”的设计效果图纸了。如果再想让他出个详细的设计图，设计师就要追加量房费（有些称之为订金，费用名称各不相同），并声称在装修开始后可以折抵工程款，这就迫使业主不得不与该公司签约。其实这些效果图只不过是他们搜集的一些常用户型的设计效果图，然后再稍加调整储备到电脑中。等客户来了之后就直接从电脑上根据客户家的户型调出一两张效果图来，根本没有任何设计。一般来讲，做一张效果图设计师往往要花费一天甚至几天的时间，成本动辄几百元，怎么可能轻易地就给那些不稳定的客户专门做效果图呢？

此外，还有一些不规范的装修公司，比如“家装游击队”，由于公司内部本身就没有设计师，并不具有设计能力，被他们称为“设计师”的人根本不是专业设计人员，只是从业时间较长的施工人员。在他们看来，所谓的设计，不过就是在门上贴几条木线，或者铺铺地、刷刷墙。他们有一两张简单的、数字不准确的草图就开工操作，按业主的要求施工，说到哪做到哪。如此一来，他们喊“免收设计费”也就在情理之中了。

2 低报价、猛增项

一些装修公司和施工队为招揽业务，在预算时将价格压至很低，甚至低于常理。别人开价四万元，而他报价两万元，别人报价五万元，而他自降至三万元，诱惑业主签订合同。进入施工过程中，则又以各种名目增加费用。

例如，在原先的装饰柜预算中并没有明确表明全部使用高档优质的板材，在实际施工过程中，设计师或者工人花言巧语对业主进行游说，声称只有使用高档板材才能使得装饰柜的质量得到保证。而实际上作为装饰柜来说，主体结构和面层的确必须使用优质板材，而像背板、侧板等不重要的地方，使用一般的板材就足够了。

又如原定设计方案中，客厅只设置一盏主灯，也得到了业主的认可，而实际施工过程中，设计师或工人又说服业主增加灯具，表面上是为了客厅的装修效果，但实际上增加灯具就意味着要增加电线、穿线管、开关面板等一系列的材料及费用。

还有些装修公司通过打折促销来吸引业主的眼球，其实这也是基于一定的前提条件的，并带有很多附加条件。例如在签订合同前，装修公司可能会许诺七折的优惠，并要求客户交纳一定金额的定金，但在签订合同的过程中，装修公司会再给业主一个详细的活动内容，可能仅有部分项目可以享受七折，而高额的定金又不退还，让业主欲罢不能，只好签订合同，全算下来，得到的折扣并不如预先想到的那么诱人。

3 模糊材料品牌及型号

利用业主对装饰材料不了解的弱点，在预算报价单上只说明优质合格材料，并没有明确指定品牌、规格及型号等，而其所列举的价格只能用于低端产品，如果客户发现质量不佳责令其更换，他们则提出加价。例如，在原预算报价单上只是写明优质合资 PVC 扣板，但并没有指明品牌规格及生产厂商，在实际施工过程中，低品质的装饰材料很容易被业主发现，如果要求装修公司更换材料，装修公司则会提出要求，并声称成本太高，必须加价。而此时施工已进行一半，况且已经有了书面合同，使得业主不得不支付高额的费用。

又如在原预算报价单上只是写明使用立邦涂料，但并没有指明是哪种系列和规格的。不同系列和功能的涂料价格相差很多，虽然在实际施工过程中业主并不能看出涂料的优劣，但在日后的居住生活中，会出现很多质量问题，而此时已经无力回天，只能重新施工。

4 工程量做手脚

在计算施工面积时利用业主不了解损耗计率方式的弱点，任意增加施工面积数量，或者本应以平方米为单位的工程在报价单中却以米为单位出现，从而增加了施工费用。

例如，墙面乳胶漆涂饰，实测面积为 $20m^2$，在预算报价单中却标明 $25m^2$，多数业主不会为个别数字仔细复查，而平均每平方米 18 元的施工价格就给装修公司带来了 90 元的额外利润。

再如乳胶漆不扣除门窗洞口的面积，厨房、卫生间墙地砖按满铺计算，而贴的时候却只贴眼睛看得见的地方，至于橱柜背面就不贴了；有些还故意算错，多报工程量，待发现时以“预算员计算错误”应付了之。

另外，在计算工程量时，巧妙转换材料计量单位，也是装修公司赚取利润最常用、最隐蔽的手法。通常，市场上的材料价格都是按照多少钱一桶（一组）、多少钱一张等计量单位来出售的。而装修公司向业主出示的报价单，很多主材都是按照每平方米、每米来报价的，如涂料、板材等，因此业主根本就不清楚究竟会用多少装修材料、究竟用掉了多少装修材料。

5 材料以次充好

装修公司在报价单上所指明的品牌材料与现场施工所采用的材料完全不符，或者在客户验收材料时以优质材料充当门面，在傍晚收工时撤离现场。这种方式手法比较常见，是惯用伎俩。

例如，预算报价单上标明的是天然黑胡桃饰面板，每张 98 元，而在施工中所采用的却是 30 元左右的人造饰面板，外观一致，但经过长期使用后会发生褪色变质等问题。

又如在预算报价单中标明的是国标优质昆仑牌电线，而实际施工中擅自使用非国标的劣质电线，等到业主发现时，所有电线已入墙入板，若执意验证，只有将装修好的部位全部拆除。

此外，辅料的费用也是需要业主注意的地方。因为辅料在装修费用中并不占多少比例，所以辅料的用量也往往被人们所忽略，这就给了一些不良装修公司以可乘之机。例如：黄砂是铺了 3cm 还是铺了 5cm，没有专门从业经验的业主完全估计不出；腻子是刮了一遍还是两遍也只有工人和装修公司才最清楚。这些辅料用量的减少、费用的支出倒是其次，对装修质量的影响却是非常大的，时间长了，会导致很麻烦的质量问题。

6 拆项报价

拆项报价是指把一个项目拆成几个项目，单价下来了，总价却上去了。

例如，把铺地面砖项目拆成基层处理和铺地面砖两个项目；把水路改造中的水管与弯头、直接等分拆成几个项目。这样一来，单价很低，看似便宜，但等最后决算时，价格却高得惊人。

近年来，一些装修公司为招揽生意，把本来繁杂的预算项目重组为简单的条目，号称“套餐”报价，表面上为业主节约了时间和精力，实际上套餐报价华而不实，外强中干，该说明的不说明，笼统空洞，很多原则性问题都得不到体现。

7 决算做手脚

有些装修公司在做预算时，往往将一些项目有意改为不常规的算法，这样使单价看上去很低。在决算时，这些本来单价很低的项目就会突然变得数量很大从而导致总价飙升。

例如，改电项目按米计算，本来是合理的，结算时这个米并不是按管的米数计算，而是按电线的长度进行计算。一根管里面往往会有数根电线，如此一来，总价就翻了数倍了。

8 虚增工程量和损耗

有些装修公司就是利用业主不懂行的弱点，钻一些计算规则的空子，从而增加工程量，达到获利的目的。

例如，在计算涂刷墙面乳胶漆时，没有将门窗面积扣除，或者将墙面长宽增加，都会导致装修预算的增加；一般一个空间的地面和墙面之比是 1 ：2.4 ～ 1 ：2.7，有些装修公司甚至报到 1 ：3.8；另外，按照以前的惯例，门窗面积按 50% 计入涂刷面积。其实目前很多家庭都包门窗套，门窗周边就不用涂刷了。但有些装修公司仍按照 50%，甚至按 100% 计入墙壁涂刷面积。一般业主在审查预算表的时候，都是关注单项的价格，至于实际的面积一般是大致估计，如果每项面积都稍微增加一些，单项价格又高，那么少则几百，多则几千就出去了。

单项价格谈定了以后，一定要不怕辛苦，和装修公司或工头一起把单项的面积尺寸丈量一下，并记下来，落实到纸面上，并算清楚单项的总价格是多少，作为合同的附件，以免到时就面积和尺寸的大小发生纠纷。

在预算书的最后，会有一些诸如“机械磨损费”、“现场管理费”、“税费”和“利润”等项目，这些项目其实都属于不合理收费。“机械磨损”是装修中必然发生的，“现场管理”则是装修公司应该做到的，这两项费用都已经摊入了每项工程中去了，不应该再向业主索取。而根据“谁经营、谁纳税”的原则，装修公司的税费更不该由业主缴纳。将“利润”单独计算是以前公共建筑装修报价的计算方式，目前装修公司已经把利润摊入每项施工中，因此不应该重复计算。

9 降低工艺标准

业主一般对木工、瓦工、油工等这些“看得见、摸得着”的常规工程项目比较注意，监督得也严格些，但对于隐蔽工程和一些细节问题却知之甚少。如上下水改造、防水防漏工程、强电弱电改造、空调管道等工程做得如何，短期内很难看出来，也无法深究，不少施工人员常在此做文章。又如有些公司规定内墙要刷 3 遍墙漆，但施工队员只刷了 1 遍，表面上看不出有任何区别，但实际上却降低了工艺标准，暂时是看不出问题，时间一长，毛病就会暴露出来。

在装修过程中，常见的偷工减料的项目主要有：基底处理、地面找平、小面处理（所谓“小面”，就是我们平时容易看到，又不太留意的小地方，例如户门的上沿、窗台板的下面、暖气罩的里面等地方，有些工人在这里会偷工减料，甚至会不作任何处理）、电线穿管、接缝修饰、墙面剔槽、墙地砖铺贴、电线接头、下水管路、墙面刷漆等。

绕开预算陷阱的窍门

任何商品都有一定的成本，而商人永远是以利润为第一的，所以不要相信某些打着“不赚钱”为口号的商家。所谓“一分钱一分货”，天下没有免费的午餐。超低的折扣一定存在着这样或那样的问题，到最后吃亏的还是业主。

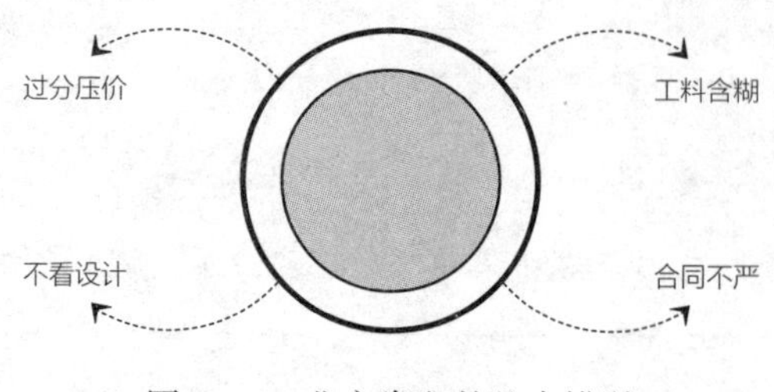

图 1–17　业主常犯的几个错误

1 不要过分压价

过分压价会使施工队产生逆反心理，在装修材料和质量上大打折扣，结果是丢了西瓜捡了芝麻。俗话说得好“无利不起早”，这个道理其实每个人不会不知道。

2 多花时间看设计

看懂设计是避免掉进预算陷阱最主要的一步，而且重点是施工立面图。看不懂没关系，多问设计师，多和设计师沟通，最好能形成立体的整体感，也就是要明白每一个项目到底是怎么做的。千万不要说自己没有时间，如果不多花时间看设计的话，掉进预算陷阱的可能性就很大了。

3 要求出具工料明细表

要求装修公司出具工料明细表，即目前有些装修公司所倡导的二级精算预算表。在看懂了设计的基础上，检查装修公司开出的工料明细表，如果有多报、虚报是很容易查出来的。二级精算表可以很好地预防施工中偷料减料的问题。

4 合同要详细

签合同时应详细注明所用材料品牌、规格、价格档次、用量、施工级别。对于这一点，业主千万不能怕麻烦，最好事先到市场上走几圈，多比较比较，然后再列出详细要求。可以说，如果这个时候怕麻烦的话，日后肯定会出更多的麻烦。

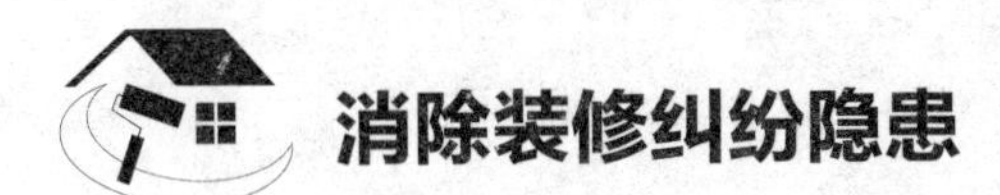

消除装修纠纷隐患

认定装修公司资格	确认报价	杜绝合同漏洞

图 1-18　避免装修纠纷的三个重要方面

1 认定装修公司规格

首先，装修公司的营业执照的“经营项目”中，必须有“承揽室内装饰装修工程”这一项。除了要检查营业执照之外，公司有无正规的办公地点，是否能出具合格的票据等方面，都是要仔细考察的。

其次，可以考察这家装修公司曾做过的工程，以评价它的设计和施工水平。

由于目前承接家庭装修服务的公司，许多都是没有申请国家颁布的装修“资质等级”的中小型公司，所以一定要仔细考察，以免上当。

2 确认报价

在装修公司进行实地测量之后，装修公司将会呈上设计图以及一张详尽的报价单，上面列有非常具体的用料和施工量。

在拿到这份材料之后，首先要看设计是否符合自己的要求。然后可以请设计师来解释这份设计方案，比如说一些空间的处理，材料的应用等。

在确认了设计方案之后，还要仔细考察报价单中每一单项的价格和用量是否合理。有时装修公司测量的数据和自己测量的会有出入，务必请设计师就此做出说明。

3 杜绝合同漏洞

在认可报价之后，正规的装修公司还要与业主签订一份施工合同或协议书。在这份合同中，业主要注意以下几个问题。

（1）合同中必须写明装修的具体要求和完工日期。有的业主在签订合同时，没有注意这两点，给某些装修公司粗制滥造和拖延工期“创造”了条件。

（2）在合同中必须注明使用的装饰材料的具体品牌或型号，以防装修公司以次充好。

（3）如果业主在工程进行中，对某些装修项目有所增减，就一定要填写相关的“工程洽商单”，并作为合同的附件汇入装修合同书中。

（4）合同中有关保修的条文是必不可少的，而且要分清责任：如果属于施工或材料的质量问题，装修公司应承担全部责任；如果属于用户使用不当，双方可协商处理。

注意了以上这些方面，业主在装修居室时，就可以将大部分装修纠纷的隐患除掉了。

装修支出计划预算表

装修支出计划预算表

序号	项目	预算费用/元	建议购买时间	备注
1	装修设计费		开工前	
2	防盗门		开工前	最好一开工就能给新房安装好防盗门，防盗门的定做周期一般为一周左右
3	水泥、砂子、腻子等		开工前	一开工就能拉到工地，商品一般不需要提前预订

续表

序号	项目	预算费用/元	建议购买时间	备注
4	龙骨、石膏板、水泥板等		开工前	一开工就能拉到工地，商品一般不需要提前预订
5	白乳胶、原子灰、砂纸等		开工前	木工和油工都可能需要用到这些辅料
6	滚刷、毛刷、口罩等工具		开工前	一开工就能拉到工地，商品一般不需要提前预订
7	装修工程首期款		材料入场后	材料入场后交给装修公司装修总工程款的30%
8	热水器、小厨宝		水电改前	其型号和安装位置会影响到水电改造方案和橱柜设计方案
9	浴缸、淋浴房		水电改前	其型号和安装位置会影响到水电改造方案
10	中央水处理系统		水电改前	其型号和安装位置会影响到水电改造方案和橱柜设计方案
11	水槽、面盆		橱柜设计前	其型号和安装位置会影响到水改方案和橱柜设计方案
12	烟机、灶具		橱柜设计前	其型号和安装位置会影响到电改方案和橱柜设计方案
13	排风扇、浴霸		电改前	其型号和安装位置会影响到电改方案
14	橱柜、浴室柜		开工前	墙体改造完毕就需要商家上门测量，确定设计方案，其方案还可能影响水电改造方案
15	散热器或地暖系统		开工前	墙体改造完毕就需要商家上门改造供暖管道
16	相关水路改造		开工前	墙体改造完就需要工人开始工作，这之前要确定施工方案和确保所需材料到场
17	相关电路改造		开工前	墙体改造完就需要工人开始工作，这之前要确定施工方案和确保所需材料到场
18	室内门		开工前	墙体改造完毕就需要商家上门测量
19	塑钢门窗		开工前	墙体改造完毕就需要商家上门测量
20	防水材料		瓦工入场前	卫生间先要作好防水工程，防水涂料不需要预定
21	瓷砖、勾缝剂		瓦工入场前	有时候有现货，有时候要预订，所以先打算好时间
22	石材		瓦工入场前	窗台，地面，过门石，踢脚线都可能用石材，一般需要提前三四天确定尺寸预订
23	地漏		瓦工入场前	瓦工铺贴地砖时同时安装
24	装修工程中期款		瓦工结束后	瓦工结束，验收合格后交给装修公司装修总工程款的30%

续表

序号	项目	预算费用/元	建议购买时间	备注
25	吊顶材料		瓦工开始	瓦工铺贴完瓷砖三天左右就可以吊顶，一般吊顶需要提前三四天确定尺寸预订
26	乳胶漆		油工入场前	墙体基层处理完毕就可以刷乳胶漆，一般到超市直接购买
27	衣帽间		木工入场前	衣帽间一般在装修基本完成后安装，但需要一至两周的制作周期
28	大芯板等板材及钉子等		木工入场前	不需要提前预订
29	油漆		油工入场前	不需要提前预订
30	地板		较脏的工程完成后	最好提前一周订货，以防挑选的花色缺货，铺装前两三天预约
31	壁纸		地板安装后	进口壁纸需要提前20天左右订货，但为防止缺货，最好提前一个月订货，粘贴前两三天预约
32	门锁、门吸、合页等		基本完工后	不需要提前预订
33	玻璃胶及胶枪		开始全面安装前	很多五金洁具安装时需要打一些玻璃胶密封
34	水龙头、厨卫五金件等		开始全面安装前	一般款式不需要提前预订，如果有特殊要求可能需要提前一周
35	镜子等		开始全面安装前	如果定做镜子，需要四五天制作周期
36	马桶等		开始全面安装前	一般款式不需要提前预订，如果有特殊要求可能需要提前一周
37	灯具		开始全面安装前	一般款式不需要提前预订，如果有特殊要求可能需要提前一周
38	开关、面板等		开始全面安装前	一般不需要提前预订
39	装修工程后期款		完工后	工程完工，验收合格后交给装修公司装修总工程款的30%
40	升降晾衣架			一般款式不需要提前预订，如果有特殊要求可能需要提前一周
41	地板蜡、石材蜡等		保洁前	可以买好点的蜡让保洁人员在自己家中使用
42	保洁		完工	需要提前两三天预约好
43	窗帘		完工前	保洁后就可以安装窗帘了，窗帘需要一周左右的订货周期
44	装修工程尾款		保洁、清场后	最后的10%工程款可以在保洁后支付，也可以和装修公司商量，一年后支付，作为保证金
45	家具		完工前	保洁后就可以让商家送货了
46	家电		完工前	保洁后就可以让商家送货安装了
47	配饰		完工前	油画、地毯、花等装饰物能让居室添色不少

第二部分 家装预算常用术语了解

要想不被坑，自己首先得是半个专家，哪怕这半个“专家”只会说几个行业名词，多少也不敢让人轻视！消费者不了解装修行业的“术语”，一来在与装饰公司打交道的过程中，会处于不利地位，二来不明就里，自然就容易被骗。

延米

延米又称直米，延米是整体橱柜的一种特殊计价法。延米是一个立体概念，它包括柜子边缘为一米的吊柜加柜子边缘为一米的地柜加边缘为一米的台面。

延米价只反映了整体橱柜的整体价格，在实际操作中，正规的厂商会把延米价换算成单价，换算公式如下：

每米地柜价＝（延米价 － 台面价）× 0.6

每米吊柜价＝（延米价 － 台面价）× 0.4

房屋使用面积

房屋使用面积指住宅中以户（套）为单位的分户（套）门内全部可供使用的空间面积。包括日常生活起居使用的卧室、起居室和客厅（堂屋）、亭子间、厨房、卫生间、室内走道、楼梯、壁橱、阳台、地下室、假层、附层（夹层）、阁楼（暗楼）等面积。住宅使用面积按住宅的内墙面水平投影线计算。

房屋建筑面积

房屋的建筑面积系指房屋外墙（柱）勒脚以上各层的外围水平投影面积，包括阳台、挑廊、地下室、室外楼梯等，且具有上盖，结构牢固，层高 2.20m 以上（含 2.20m）的永久性建筑。

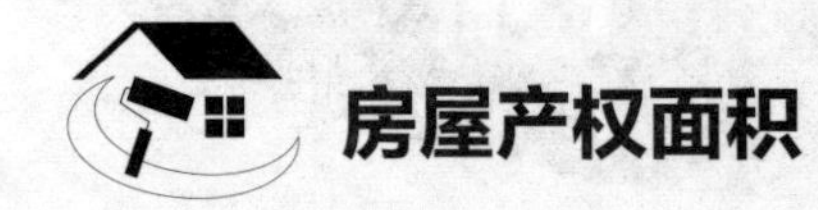

房屋产权面积

房屋的产权面积系指产权主依法拥有房屋所有权的房屋建筑面积。房屋产权面积由省（直辖）市、市、县房地产行政主管部门登记确权认定。

房屋预算面积

预测面积是指在商品房期房（有预售销售证的合法销售项目）销售中，根据国家规定，由房地产主管机构认定具有测绘资质的房屋测量机构，主要依据施工图纸、实地考察和国家测量规范对尚未施工的房屋面积进行一个预先测量计算的行为，它是开发商进行合法销售的面积依据。

房屋实测面积

实测面积是指商品房竣工验收后，工程规划相关主管部门审核合格，开发商依据国家规定委托具有测绘资质的房屋测绘机构参考图纸、预测数据及国家测绘规范之规定对楼宇进行的实地勘测、绘图、计算而得出的面积。是开发商和业主的法律依据，是业主办理产权证、结算物业费及相关费用的最终依据。

套内房屋使用面积

套内房屋使用空间的面积，以水平投影面积按以下规定计算：

（1）套内卧室、起居室、过厅、过道、厨房、卫生间、厕所、贮藏室、壁柜等空间面积的总和；

（2）套内楼梯按自然层数的面积总和计入使用面积；

（3）不包括在结构面积内的套内烟囱、通风道、管道井均计入使用面积；

（4）内墙面装饰厚度计入使用面积。

套内墙体面积

套内墙体面积是套内使用空间周围的维护或承重墙体或其他承重支撑体所占的面积，其中各套之间的分隔墙和套与公共建筑空间的分隔墙以及外墙（包括山墙）等共有墙，均按水平投影面积的一半计入套内墙体面积。套内自有墙体按水平投影面积全部计入套内墙体面积。

套内阳台建筑面积

套内阳台建筑面积均按阳台外围与房屋外墙之间的水平投影面积计算。其中封闭的阳台按水平投影全部计算建筑面积，未封闭的阳台按水平投影的一半计算建筑面积。

共有建筑面积

共有面积的内容包括：电梯井、管道井、楼梯间、垃圾道、变电室、设备间、公共门厅、过道、地下室、值班警卫室等，以及为整幢服务的公共用房和管理用房的建筑面积，以水平投影面积计算。共有建筑面积还包括套与公共建筑之间的分隔墙，以及外墙（包括山墙）水平投影面积一半的建筑面积。独立使用的地下室，车棚，车库，为多幢服务的警卫室、管理用房，作为人防工程的地下室都不计入共有建筑面积。

装饰公司营业执照

营业执照是企业或组织合法经营权的凭证。《营业执照》的登记事项为：名称、地址、负责人、资金数额、经济成分、经营范围、经营方式、从业人数、经营期限等。

营业执照分正本和副本，二者具有相同的法律效力。正本应当置于公司住所或营业场所的醒目位置，营业执照不得伪造、涂改、出租、出借、转让。

资质证书及等级

资质是建设行政主管部门对施工队伍能力的一种认定。它从注册资本金、技术人员结构、工程业绩、施工能力、社会贡献六个方面对施工队伍进行审核，分别核定为 1 ~ 4 个级别，取得资质的企业，技术力量有保证。

直营店及加盟店

目前市场上的装饰公司主要分为直营店和加盟店两种，前者的管理和资质独立享用，可靠性较强，但收费较高；后者的营业执照及资质证书都是沿用总店的，为获取业务，价格相对较低，消费者在调查市场时应认真比较。

装修合同甲方

甲方应该是房屋的法定业主或是业主以书面形式指定的委托代理人。

装修合同乙方

乙方基本上是指工程的施工方，即装修公司。

装修合同违约责任

装修过程的违约责任一般分为甲方违约责任和乙方违约责任两种。甲方违约责任比较常见的一般是拖延付款时间，乙方违约责任比较常见的是拖延工期。

全包方式

装饰公司根据客户所提出的装饰装修要求，承担全部工程的设计、施工、材料采购、售后服务等一条龙服务。

这种承包方式一般适用于对装饰市场及装饰材料不熟悉的消费者，且他们又没有时间和精力去了解这些情况。采取这种方式的前提条件是装饰公司必须深得客户信任。在装饰工程进行中，不会产生双方因责权不分而出现的各种矛盾，同时也为客户节约了宝贵的时间。

消费者在选择这种方式时，不应怜惜资金，应选择知名度较高的装饰公司和设计师，委托其全程督办；签订合同时，应注明所需各种材料的品牌、规格及售后责权等；工程期间也应抽出时间亲临现场进行检查验收。

包清工方式

装饰公司及施工队提供设计方案、施工人员和相应设备，由消费者自备各种装饰材料。

这种方式适合于对装饰市场及材料比较了解的客户，通过自己的渠道购买到的装饰材料质量可靠，经济实惠。不会因装饰公司在预算单上漫天要价、材料以次充好而蒙受损失。但在工程质量出现问题时，双方责权不分，如有些施工员在施工过程中不多加考虑，随意取材下料，造成材料大肆浪费，从而给消费者带来一定的经济损失，这些都需要消费者在时间精力上有更多的投入。

半包方式

半包方式是目前市面上采取最多的方式，由装饰公司负责提供设计方案、全部工程的辅助材料采购（基础木材、水泥砂石、油漆涂料的基层材料等）、装饰施工人员及操作设备等，而客户负责提供装修主材，一般是指装饰面材，如木地板、墙地砖、涂料、壁纸、石材、成品橱柜的订购安装、洁具灯具等。

这种方式适用于大多数家庭装修，消费者在选购主材时需要消耗相当的时间和精力，但主材形态单一，识别方便，外加色彩、纹理都可以按个人喜好设定，绝大多数家庭用户都乐于这种方式。

设计费

目前，不少装饰公司开始收取设计费。凡持有人事局颁发的建筑装饰设计等级职称证书和建筑装饰协会颁发的设计师从业等级资格证书的设计人员，对家装工程进行设计可收取设计费。根据设计内容的繁简和客户的要求，按实际需要进行设计和出图，设计费应随之浮动和下调。

一般户型的一般性设计套内装饰面积在 80m^2 以内，工程造价在 3 万元以内（含 3 万元）的工程设计按项目收费，每项工程设计费为 500 元。

四层以上复式户型、独栋别墅的高档次装修设计套内装饰面积在 80m^2 以上（不含 80m^2）的工程设计，按套内装饰面积并根据从事工程设计的设计师资格等级收取设计费。设计费标准为 20 ~ 50 元 /m^2，在此范围内由设计单位自行掌握。

材料账

目前，装饰材料专卖店、超市很多，只要多逛几家就可询问到市面上的真正价格，做到心中有数。然后，让装修公司列出详细的用料报价单，并且让其估算出用量，以防有些装修公司“偷工减料”。做到“知己知彼”才能更好地与装修公司谈价，并与之制定出整个装修所需材料的合理预算。

设计账

如果装修家庭是以经济实用为主，一般可以自己来设计，最多请别人画一下图；但如果要注重空间的充分、合理利用，追求装修的个性化和艺术品位，最好还是请室内设计师来做设计。设计费用一般占装修总费用的 5% ~ 20%，这笔钱在装修之前就应该考虑到预算中。

> 当设计师把设计草图交给装修家庭时，除了要关心整体效果、舒适程度外，一定要询问清楚具体细节：如是否坚固、是否耐用，以防留下潜在的隐患。

时间账

家庭装修真正开工前要做的事情很多，装修前一定要留出足够的时间，如设计方案、用料采购、询价和预算等一定要做到位。前期准备得越充分，正式装修施工速度才能越快，实际花费也就越低。自己备料的装修家庭更要安排好采购备料的顺序，要比装修进程略有提前，以防误了工期。

权益账

装修费是装修合同中弹性最大的一部分，与装修公司签订合同时一定要算好权益账。付给装修公司的装修费用应根据装修的难度、劳动力水平、以往的业绩等具体情况而定。

首期款

对于包工包料或半包工程来讲，装修的首期款一般为总费用的30% ~ 40%，但为了保险起见，首期款的支付应该争取在第一批材料进场并验收合格后支付，否则发现材料有问题，业主就会变得很被动。

对于清包工程，装修的费用一般不算多，装修公司一般会要求先支付一部分“生活费”，这时候，业主不妨先付一部分，但出手不需要太过阔绰。清包费用可以勤给，但每次都不要给得太多，一定要控制好，以免工程完工前就把费用付清。

中期款

装修开始后，个别装饰工头会以进材料没钱等借口向业主索要中期款。其实，中期款的付款标准是以木器制作结束，厨卫墙、地砖、吊顶结束，墙面找平结束，电路改造结束为准则。同时，中期款的支付最好在合同上有体现，只要合同写明，就可以完全按照合同的约定进行付款和施工了。

装修尾款

通常情况下，装修公司会在装修工程没有完工时就要求业主付清剩下的装修款，这时，业主一定要等装修完成并验收合格后再支付装修尾款，否则，当发现工程质量有问题时，就无法控制装修公司了。

“工程过半”

从字面上来理解，“工程过半”就是指装修工程进行了一半。但是，在实际过程中往往很难将工程划分得非常准确，因此，一般会用两种办法来定义“工程过半”：

（1）工期进行了一半，在没有增加项目的情况下，可认为工程过半；

（2）将工程中的木工活贴完饰面但还没有油漆（俗称木工收口）作为工程过半的标志。

一般来说，业主在装修时，应当在合同中明确“工程过半”的具体事项，以免因约定不清而影响装修资金的支付。

第三部分

家庭装修预算基础准备

要装修，多少也得知道装修有哪些主要项目，面积是怎么计算的，预算价格又是怎样算出来的，装饰公司报给你的这些项目价格是否大致合理，如何判断预算报价单是不是合理……

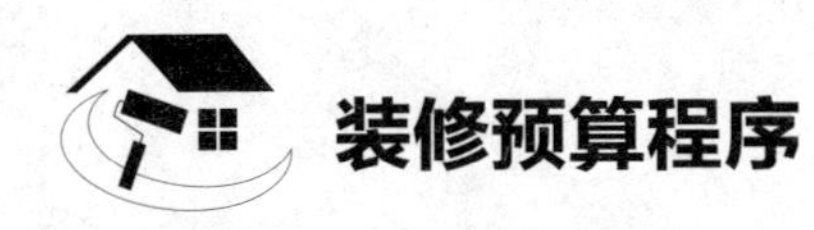

装修预算程序

首先要明确室内准确的尺寸，做出图纸，因为报价都是依据图纸中具体的尺寸、材料及工艺情况而制定的。将每个房间的居住和使用要求在图纸上标定，并列出装修项目清单，再根据考察的市场价格进行估算，最后得出装修预算。

编制预算的基本原则

编制预算就是以业主所提出的施工内容、制作要求和所选用的材料、部品件等作为依据，来计算相关费用。

预算是装修合同履约的重要内容，涉及合同双方的利益，因此不得马虎。目前行业内比较规范的做法是要求以设计内容为依据，按工程的部位，逐项分别列编材料（含辅料）、人工、部品件的名称、品牌、规格型号、等级、单价、数量（含损耗率）、金额等。人工费要明确工种、单价、工程量、金额等。这样既方便双方洽谈、核对费用，也可以加快个别项目调整的商谈确认速度。

业主在确认预算前，应该做到心中有数。应该在事先对装修市场进行一定的了解，如果无暇细察，则可以选取主要的材料进行了解。

编制预算的基本原则

表 3-1　基础装修主要大项

地面工程	包括地面找平、铺砖及防水等
墙面工程	包括拆墙、砌墙、刮腻子、打磨、刷乳胶漆及电视墙基层等
顶面工程	主要是吊顶工程，包括木龙骨或轻钢龙骨、集成吊顶等

续表

木作工程	主要包括门套基层、鞋柜及衣柜制作等
油漆工程	主要是现场木制作的油漆处理等

注：以上所用辅材，如腻子、水泥、河沙、木工板、石膏板、乳胶漆、电线、PP-R管等，均包括在内。

另外水路和电路改造、垃圾清运等也属于基础装修。

确定装修时间与工期

装修所需时间因装修项目的多少、工艺难易程度的不同而或长或短。工程量大，时间自然就长。但一般家庭的常规装修内容差不多，所需时间也相差无几，一般情况下需要20～30天。

常规装修主要包括：做门，包门窗套、暖气罩，做踢脚线、挂镜线、石膏线，铺地面，刷墙，简单吊顶，一般的水暖管线改造，铺设暗线及简单的造型等。施工土建和基层处理阶段大约各需一个星期，细部处理则根据对工艺精细的要求程度不同而略有差异，时间一般在一个星期至半个月。

受装饰公司的管理协调能力、室内施工面积的局限以及水泥的凝固时间的制约，土建、基层处理阶段的时间很难再缩短；而涂料、油漆的干燥也需要一定的时间，所以细部处理的时间也很难缩短。因此，常规装修即使项目有点差别，装修时间上也大致相同。

装修预算常用的数据测量与计算

在装修前，装修公司都会对居室的面积进行实地测量。

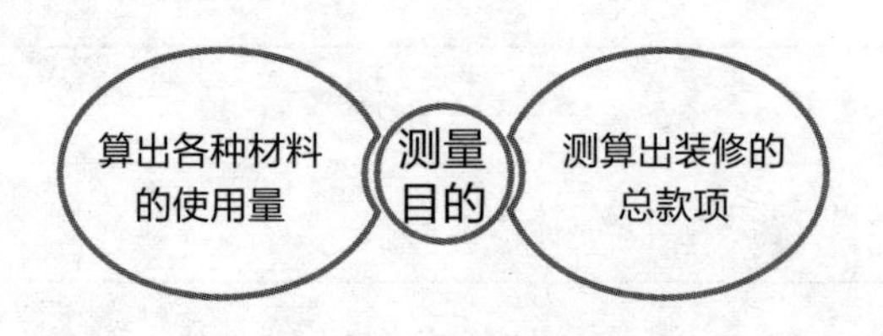

图 3-1　测量目的

需要注意的是，个别装修公司往往会利用此次测量机会，虚报装修面积。这样，装修公司的部分利润就可以通过这种方式获得。

大多数情况下，测量面积都是由装修工人代劳，业主只需在旁边记录。这时候，千万别只顾着认真记录，一定要多留意工人的动作，其动作一变，可能就多出了几厘米。不要小看这几厘米，积少成多，冤枉钱也就这样出来了。因此，在测量中，业主一定要做好监督工作。

房子的装修费大多取决于装修面积的大小，但是，装修面积却与房子的实际面积不一样，会比其实际面积小很多。因此，在装修前，一定要对房子的装修面积，如墙面、顶面、地面、门窗等部分进行测量，做到心中有数，从而减少不必要的开支。

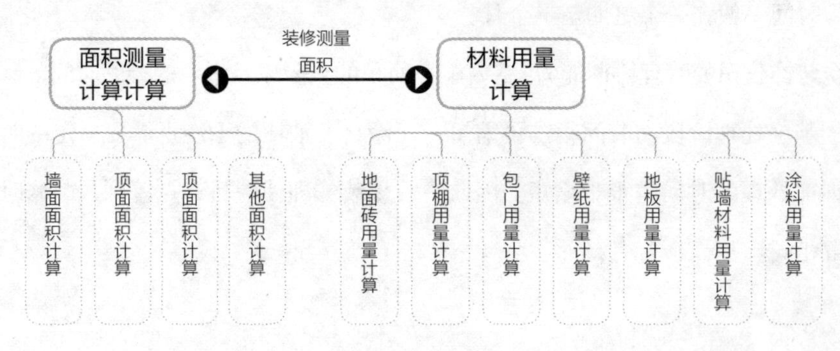

图 3-2　装修测量内容

1 墙面面积计算规则

墙面（包括柱面）的装饰材料一般包括：涂料、石材、墙砖、壁纸、软包、护墙板、踢脚线等。计算面积时，材料不同，计算方法也不同。

（1）涂料、壁纸、软包、护墙板的面积按长度乘以高度，单位以“平方米”计算。

长度：按主墙面的净长计算；

高度：无墙裙者从室内地面算至楼板底面，有墙裙者从墙裙顶点算至楼板底面；有顶棚的从室内地面（或墙裙顶点）算至顶棚下沿再加 20cm。

门、窗所占面积应扣除 1/2，但不扣除踢脚线、挂镜线、单个面积在 $0.3m^2$ 以内的孔洞面积和梁头与墙面交接的面积。

（2）镶贴石材和墙砖时，按实铺面积以“平方米”计算。

（3）安装踢脚板面积按房屋内墙的净周长计算，单位为 m。

2 顶面面积计算规则

顶面（包括梁）的装饰材料一般包括涂料、吊顶、顶角线（装饰角花）及采光顶面等。

（1）顶面施工的面积均按墙与墙之间的净面积以“平方米”计算，不扣除间壁墙、穿过顶面的柱、垛和附墙烟囱等所占面积。

（2）顶角线长度按房屋内墙的净周长以“m”计算。

3 地面面积计算规则

地面的装饰材料一般包括：木地板、地砖（或石材）、地毯、楼梯踏步及扶手等。

（1）地面面积按墙与墙间的净面积以“平方米”计算，不扣除间壁墙、穿过地面的柱、垛和附墙烟囱等所占面积。

（2）楼梯踏步的面积按实际展开面积以“平方米”计算，不扣除宽度在 30cm 以内的楼梯井所占面积。

（3）楼梯扶手和栏杆的长度可按其全部水平投影长度（不包括墙内部分）乘以系数 1.15 以“延长米”计算。

4 其他面积计算规则

（1）其他栏杆及扶手长度直接按“延长米”计算。

（2）对家具的面积计算没有固定的要求，一般以各装修公司报价中的习惯做法为准：用“延长米”、“平方米”或“项”为单位来统计。

> 但需要注意的是，每种家具的计量单位应该保持一致，例如，做两个衣柜，不能出现一个以“平方米”为计量单位，另一个则以“项”为计量单位的现象。

5 地面砖用量计算

地面砖用量（注：一般不同房型损耗率不同，大约 1% ~ 5%）：

每百平方米用量＝ 100/[（块料长＋灰缝宽）×（块料宽＋灰缝宽）]×（1+损耗率）。

例如选用复古地砖规格为 0.5m×0.5m，拼缝宽为 0.002m，损耗率为 1%，100m^2 需用块数为：

100m^2 用量＝ 100/[（0.5+0.002）×（0.5+0.002）]×（1+0.01），约等于 401 块。

地砖总价＝地砖数 × 地砖单价。

6 顶棚用量计算

顶棚板用量＝（长 － 屏蔽长）×（宽 － 屏蔽宽）。

例如以净尺寸面积计算出 PVC 顶棚的用量。PVC 塑胶板的单价是 50.81 元 /m^2，屏蔽长、宽均为 0.24m，顶棚长为 3m，宽为 4.5m，用量如下：

顶棚板用量＝（3－0.24）×（4.5－0.24），约等于 11.76m^2。

7 包门用量计算

包门材料用量＝门外框长 × 门外框宽。

例如用复合木板包门，门外框长 2.7m、宽为 1.5m，则其材料用量如下：

包门材料用量＝ $2.7 \times 1.5 = 4.05$（m^2）。

8 壁纸用量计算

壁纸用量＝（高 － 屏蔽长）×（宽 － 屏蔽宽）× 壁数－门面积－窗面积。

例如墙面以净尺寸面积计算，屏蔽长、宽均为 0.24m，墙高 2.5m、宽 5m，门面积为 $2.8m^2$，窗面积为 $3.6m^2$，则用量如下：

壁纸用量＝ $[(2.5-0.24)\times(5-0.24)]\times4-2.8-3.6$，约等于 $36.6m^2$。

9 地板用量计算

纵向用量＝房间长度 / 地砖长度；

横向用量＝房间宽度 / 地砖宽度。

如遇除不尽，要用进位法，不可四舍五入，但纵向不到半块算半块，超过半块算一块。

地板总价＝总用量 × 单价；

地板损耗＝地板面积 － 住房面积；

地板损耗率＝地板损耗 / 住房面积。

注：一般地板损耗率不大于 5%。

10 贴墙材料用量计算

贴墙材料的花色品种确定后，可根据居室面积大小合理地计算用料尺寸，考虑到施工时可能的损耗，可比实际用量多买 5% 左右。计算贴墙材料的方法有两种。

（1）以公式计算。

即将房间的面积乘以 2.5，其结果就是贴墙用料数。如 $20m^2$ 房间用料为 $20\times2.5 = 50$（m）。还有一个较为精确的公式：

$$S=(L/M+1)(H+h)+C/M$$

式中　S——所需贴墙材料的长度，m；

L——扣去窗、门等后四壁的总长度，m；

M——贴墙材料的宽度，m，加 1 作为拼接花纹的余量；

H——所需贴墙材料的高度，m；

h——贴墙材料上两个相同图案的距离，m；

C——窗、门等上下所需贴墙的面积，m^2。

（2）实地测量。

这种方法更为准确，先了解所需选用贴墙材料的宽度，依此宽度测量房间墙壁（除去门、窗等部分）的周长，在周长中有几个贴墙材料的宽度，即需贴几幅。然后量一下应贴墙的高度，以此乘以幅数，即为门、窗以外部分墙壁所需贴墙材料的长度（m）。最后仍以此法测量窗下墙壁、不规则的角落等处所需用料的长度，将它与已算出的长度相加，即为总长度。这种方法更适用于细碎花纹图案，拼接时无需特别对位的贴墙材料。

11 涂料用量估算法

房间面积（m^2）除以 4，需要粉刷的墙壁高度（分米）除以 4，两者的得数相加便是所需要涂料的重量（kg）。

例如，一个房间面积为 $20m^2$，墙壁高度为 16 分米（设 2.8 米高的墙，下部 1.2m 为墙裙不用粉刷），那么，就是（20 ÷ 4）+（16 ÷ 4）＝ 9，即 9kg 涂料可以粉刷墙壁两遍。

飘窗是否要计入建筑面积

（1）对倾斜弧状等非垂直墙体的房屋、层高 2.2m 以上的部位，要计算面积。

（2）房屋墙体向外倾斜、超出底线外沿的，以底板投影计算建筑面积。也就是说，有台阶的飘窗，只要高度不超过 2.2m，都不会计入建筑面积。

（3）飘窗台到天花板的高度少于 2.2m，窗台不算入面积，建筑物的阳台均应按其水平投影面积的 1/2 计算。

（4）超过 2.2m 的落地飘窗有效地扩大了房屋的实际使用面积，所以应纳入房屋产权面积，并按照最终实测面积计算房价。

装修费用付款方式

由于装修不是一笔小开销，合理地支付装修款是业主保护自己权益的有效方法，付款方式得当既可减小装修过程中的风险，也可有效地控制装修质量。

大多数人在装修时都非常注重装修的整体费用和装修设计，在签合同时也会特别注意装修材料、工艺等方面的约定，而往往忽略了装修款的支付方式等问题，甚至有些合同没有对其进行明确的约定，结果在施工过程中常常因某笔款项的支付时间而产生纠纷，从而影响工期进度和装修质量。其实，业主在签订装修合同时，就要在合同中明确装修款的支付方式、时间、流程等，以及违约的责任及处置办法等，合同约定得越仔细，纠纷产生的可能性就越小，装修的时间和质量才会得以保证。

一般情况下，装修的付款方式有两种：一是在装修前支付 60%，工程进度过半后将余下的 40% 支付给该装修公司所属的家庭装饰装修交易市场，然后由交易市场根据工程的进度和质量支付给装修公司；二是分 3 次付款，装修前支付 60%，工程过半后支付 35%，验收合格后支付 5%。当然，如果业主能与装修公司签订“3331”的付款方式，即装修前支付 30%，工程过半后支付 30%，验收合格后支付 30%，验收合格 3 个月后支付 10%，这种方式对业主来说是最有利的。

预算报价方法

家庭居室装修所涉及的门类丰富、工种繁多，在预算报价时基本上是沿用土木建筑工程的计算方式，随着市场的完善，各种方法也层出不穷，这里介绍实用性最强的四种方式。

1 预算报价方法一

对所处的建筑装饰材料市场和施工劳务市场调查了解，制订出材料价格与人工价格之和，再对实际工程量进行估算，从而算出装修的基本价，以此为基础，在计入一定的损耗和装修公司应得利润即可，这种方式中综合损耗一般设定在5% ~ 7%，装修公司的利润可设在10% 左右。

例如：根据某城市装饰材料市场和施工劳务市场调查后了解到要装修三室两厅两卫约 120m^2 建筑面积的住宅房屋，按中等装修标准，所需材料费约为 50000 元左右，人工费约为 12000 元左右，那么，综合损耗约为 4300 元左右，装修公司的利润约为 6200 元左右。以上四组数据相加，约为 72000 元左右，即得到所估算的价格。

> 这种方法比较普遍，对于业主而言测算简单，容易上手，可通过对市场考察和周边有过装修经验的人咨询即可得出相关价格。然而根据不同装修方式，不同材料品牌，不同程度的装饰细节，有不同差异，不能一概而论。

2 预算报价方法二

对同等档次已完成的居室装修费用进行调查，所获取到的总价除以每平方米建筑面积，所得出的综合造价再乘以即将装修的建筑面积。

例如：现代中高档居室装修的每平方米综合造价为 1000 元，那么可推知三室两厅两卫约 120m^2 建筑面积的住宅房屋的装修总费用约在 120000 元左右。

这种方法可比性很强，不少装修公司在宣传单上印制了多种装修档次价格，都以这种方法按每平方米计量。例如：经济型每平方米400 元；舒适型每平方米600 元；小康型每平方米800 元；豪华型每平方米1200 元等。业主在选择时应注意装修工程中的配套设施如五金配件、厨卫洁具、电器设备等是否包含在内，以免上当受骗。

3 预算报价方法三

对所需装饰材料的市场价格进行了解，分项计算工程量，从而求出总的材料购置费，然后再计入材料的损耗、用量误差、装修公司的毛利，最后所得即为总的装修费用。

这种方法又称为预制成品核算，一般为装修公司内部的计算方法。

下面运用该方法计算某衣柜的预算报价。该衣柜尺度为2200mm×2200mm×550mm（高×宽×深），大芯板框架结构，内外均贴饰面板，背侧和边侧贴墙钉制，配饰五金拉手、滑轨，外涂聚酯清漆，其具体预算见下表。

衣柜预算报价表

序号	材料名称	数量	单价/元	总价/元	备注
A. 主材					
1	大芯板	6块	80	480	知名品牌，AAA级
2	九厘板	3块	40	120	知名品牌，合资生产
3	外饰面板	2块	30	60	黑胡桃科技板
4	内饰面板	4块	30	120	红榉科技板
5	滑轮	6对	8	48	合资生产品牌
6	铰链	14个	1.5	20	合资生产品牌

续表

序号	材料名称	数量	单价/元	总价/元	备注
7	拉手	11个	2.8	30	合资生产品牌
小计				878	
B. 辅材					
8	20mm枪钉	1盒	4	4	普通品牌
9	25mm枪钉	1盒	4	4	普通品牌
10	聚酯清漆	$7m^2$	—	100	知名品牌，亚光漆
11	20mm木线条	35m	0.6	20	黑胡桃
12	其他	1项	60	60	辅助材料
小计				188	
C. 人工：按平均每人每天40元计算①，制作该衣柜需要2人工作5天，即人工费为400元					
工程直接费				1466	以上A、B、C三项之和
工程管理费				117	直接费×8%
计划利润				73	直接费×5%
税金				56	以上三项×3.4%
工程总造价				1712	以上四项之和
预算说明：该衣柜的制作是家庭装饰装修的一个组成部分，没有在衣柜中计入运输费等综合计费；且没有计入材料损耗。					

① 人工费标准各地相差较大，请读者参考当地标准。

4 预算报价方法四

通过比较细致的调查，对各分项工程的每平方米或每米的综合造价有所了解，计算其工程量，将工程量乘以综合造价，最后仍然计算出工程直接费、管理费、税金，所得出的最终价格即为最终的装修报价。

> 这种方法是市面上大多数装修公司的首选报价方法，门类齐全，详细丰富，可比性强，同时也成为各公司之间相互竞争的有力武器。

例如某卧室地面铺设复合木地板，墙面涂饰乳胶漆，室内家具包括组合衣柜、电视角柜等，装饰构件包括门窗套、叠级顶墙线、大理石窗台面、房间门与卫生间门；卫生间地面铺设防滑地砖，墙面铺设瓷砖，顶部为吊顶铝扣板；其中家电、洁具、灯具，以及开关面板、大型五金饰件均不在预算之中，其具体预算见下表。

卧室与卫生间预算报价表

序号	材料名称	数量	单价/元	总价/元	备注
A.卧室工程项目					
1	墙顶面基层处理批灰	65.1m^2	9	586	刮腻子二、三遍，打磨
2	顶面乳胶漆	14.4m^2	8	115.2	立邦美得丽二遍
3	墙面乳胶漆	47.9m^2	10	479	立邦美得丽二遍，黄色
4	叠级顶墙线	17m	16	272	15mm木芯板条叠二级
5	组合衣柜	9.5m^2	470	4465	木芯板基层，黑胡桃面板
6	电视角柜	0.8m	440	352	木芯板基层，黑胡桃面板
7	双面包门套	10m	65	650	九厘板基层，黑胡桃线条
8	造型房间门	1樘	380	380	知名品牌实木门
9	包窗套	6.8m	35	238	九厘板基层，黑胡桃线条
10	外挑窗台铺大理石	1.6m	420	672	黑金砂18mm厚大理石
11	复合木地板	15.2m^2	96	1459.2	知名品牌，包送踢脚线
小计				9668.4	
B.卫生间工程项目					
1	铝扣板吊顶基层	4.7m^2	42	197.4	30mm×40mm木龙骨基层
2	铝扣板	5.6m^2	58	324.8	合资品牌
3	铝扣板边角线条	10.4m	10	104	合资品牌
4	墙面贴瓷砖	24.2m^2	66.4	1606.8	知名品牌，中档 2.8元/块
5	地面贴瓷砖	5.6m^2	80.4	450.2	知名品牌，中档 4.2元/块
6	单面包门套	5m	50	250	九厘板基层，黑胡桃线条
7	造型卫生间门	1樘	350	350	知名品牌实木门
8	卫生间防水处理	7.3m^2	55	401.5	沿墙脚以上300mm高度
小计				3684.7	
	工程直接费			13353.1	以上A、B二项之和
	工程管理费			1068.2	直接费×8%
	税金			490.3	以上二项之和×3.4%
	工程总造价			14911.6	以上三项之和
预算说明：装修工程中不计入灯具、洁具、开关面板、五金配件等。					

如何看预算报价单

表 3-2　审核预算报价单内容

比较单价	通过参考预算表里面的人工价格和材料价格进行每个项目的材料和人工价格比较。对不明白的项目可以问清楚，对于预算表里有的项目，装修公司没报的一定要问清楚，对装修公司有的预算表里没有的项目也要问清楚，免得装修公司以后逐渐加价，超过预算
去重	对于有些项目重复的地方审核清楚，比如找平，有的公司可能会为厨房找平算一项，然后后面再单独来一项找平，避免重复收费，尽量要审核清楚
弄清工程数量	对于工程量一定要问清楚，比如防水处理，要弄清楚是哪些面积要做开封槽，40m 要弄清楚是哪 40m，确认数量是否如此
主材、辅材分开	对于材料一定要主材和辅材分开报，并且每个材料的单价、品牌、规格、等级、用量都要要求装潢公司说明清楚分开报价，同一项目材料用不同品牌和用量，总价也会不同
注明工艺	针对施工工艺和难度不同却相同的项目人工收费也不同，需要装修公司对不同项目进行注明，比如贴不同规格的瓷砖人工费也是不同的，铲墙铲除涂料层和铲除壁纸层也是不同的。还有墙面乳胶漆施工喷涂、滚涂、刷涂不同工艺效果不同人工也不同，耗费的面漆用量也不同，这都牵涉到项目整个花费量。比如喷涂效果最好，但人工也比后两者每平方贵 1.5 元左右，后两者人工相同，而且相对省料，但效果不如前者
审核收费	对于某些项目外收费要合理辨析，比如机械磨损费就不应该有，管理费应该适当收取 5% ～ 10%，材料损耗大概是 5%，税金是肯定要收取的
搞清计价单位	对不同项目工程量报价单位要弄清楚，比如大理石就应该按照“m^2”报，而不是按照“m”来报，按 m 报总价就会增加，确保每个项目的报价单的单位都合理
问清综合单价	对于笼统报价的项目要问清楚里面包括哪些内容
分清商家与装修公司安装项目	对于有些产品是厂家包安装和运送上楼的，要从装修公司的人工费和运送费里面扣除，如吊顶、水管、橱柜、地板、门窗、壁纸等

预算报价单应该包含的内容

业主在索取装修公司的预算报价时，会发现报价单上的项目非常少，而且材料及工艺做法说明不够详细。

表 3-3　报价单项目

序号	工程项目名称	数量	单位	单价	合价	主要材料及施工工艺	总价合计

（1）序号：属于常规的排列形式。

（2）工程项目名称：业主可以根据此类别来了解在装修时有多少项目需要施工，结合图纸比较，可以看出是否有缺项、漏项或多项。

（3）数量：表示此项工程项目的工程量真实数据，可根据此数据来判断装修公司是否存在多算数量的情况。

（4）单位：由此可以了解装修公司是以何种单位方式来计算价格的，因为有些项目计价单位不同，价格上有着很大的差异。而同时也可以根据这个数据，把一些自己认为有问题的项目换算成其他装修公司的计价单位来比较，这样就能知道是否多花钱了。

（5）单价：指单位数量下装修公司报给业主的价格，这一项最能体现出各个装修公司之间的报价差异。

（6）合价、总价合计：这一点很清楚，不作过多解释。

（7）主要材料及施工工艺：这一部分可以看出某个工程项目的具体施工工艺，以及施工中所使用的主要材料、辅助材料等。这是业主与装修公司之间的“约定”，必须严格执行。

有的公司的预算报价单甚至简单到只有项目名称、数量、单价与合价及总价。这样一来，最应该体现的部分没有得到表达，很容易造成材料以次充好或者简化工艺流程的问题，为业主日后埋下了安全隐患。

报价单中的主要项目费用

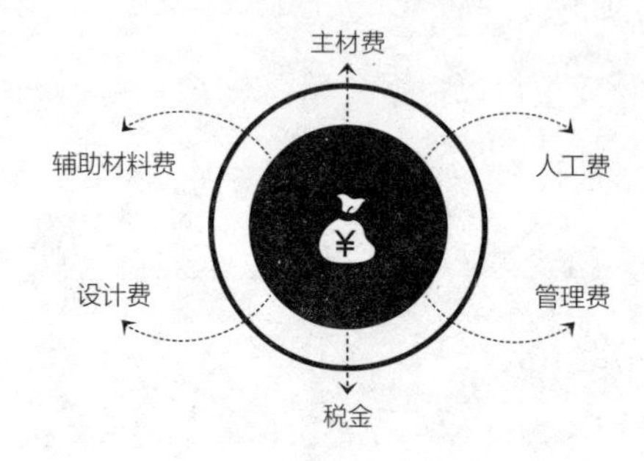

图 3–3　主要项目费用

1 主材费

指在装饰装修施工中按施工面积或单项工程涉及的成品和半成品的材料费，如卫生洁具、厨房内厨具、水槽、热水器、煤气灶、地板、木门、油漆涂料、灯具、墙地砖等。

这些费用透明度较高，客户一般和装饰装修公司都能够沟通，大约占整个工程费用的 60% ～ 70%。

2 辅助材料费

指装饰装修施工中所消耗的难以明确计算的材料，如钉子、螺钉、胶水、滑石粉（老粉）、水泥、黄砂、木料以及油漆刷子、砂纸、电线、小五金、门铃等。

这些材料损耗较多，也难以具体算清，这项费用一般占到整个工程费用的10% ~ 15%。而现在装饰装修公司在给居民装饰装修报价时一般均以成品施工单价报价，不需业主逐项计算。

3 人工费

指整个工程中所耗的工人工资，其中包括工人直接施工的工资、工人上交劳动力市场的管理费和临时户口费、工人的医疗费、交通费、劳保用品费以及使用工具的机械消耗费等。

这项费用一般占整个工程费用的15% ~ 20%。

4 设计费

指工程的测量费、方案设计费和施工图纸设计费，一般是整个装饰装修费用的3%~5%左右。

设计是一项复杂的脑力劳动，设计师在一幅好作品诞生之前，要付出许多精力，要经过反复推敲。

5 管理费

指装饰装修企业在管理中所产生的费用，其中包括利润，如企业业务人员、行政管理人员的工资、企业办公费用、企业房租、水电通信费、交通费及管理人员的社会保障费用及企业固定资产折旧费和日常费用等。

管理费是装饰装修工程的间接费用，它不直接形成家居装饰装修工程的实体，也不归属于某一分部（项）工程，它只能间接地分摊到各个装饰装修工程的费用中，“家庭居室装饰装修工费指导价”中规定：管理费为直接费的 5% ~ 10%。

6 税金

指企业在承接工程业务的经营中向国家所交纳的法定税金。

按照装饰工程施工的技术经济特点，装饰工程施工企业应向国家缴纳六种税金，即营业税、城市建设维护税、房产税、土地使用税、教育附加费和所得税。其中前五种属于转嫁税，应列入装饰工程费用中，由业主支付。“家庭居室装饰装修工费指导价”中规定：税金为不含税工程造价的 3.41%。

如何看懂预算报价

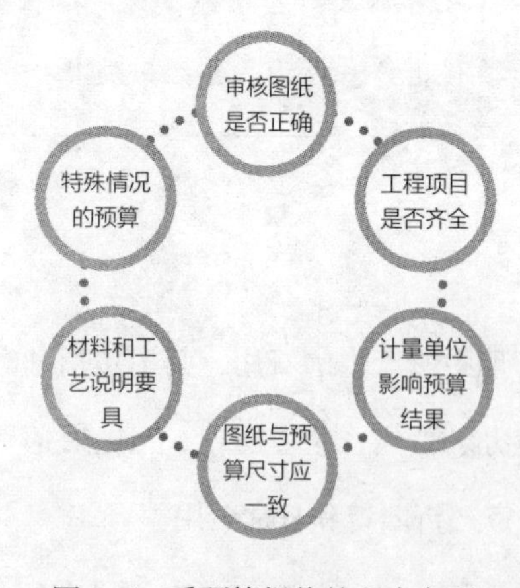

图 3–4　看预算报价的六个方面

1 审核图纸是否准确

在审核预算前，应该先审核好图纸。一套完整、详细、准确的图纸是预算报价的基础，因为，报价都是依据图纸中具体的面积、长度尺寸、使用的材料及工艺等情况而制的，图纸不准确，预算也肯定不准确。

2 工程项目是否齐全

要核定预算中所有的工程项目是否齐全，是不是把要做的东西都列在了预算表上，有没有少报了一个窗口或者漏掉了卫生间、吊顶等现象。漏掉的项目到了现场施工时，肯定还是要做的，这就免不了要补办增加装修项目的手续，计划费用自然又“超标”了。

3 计量单位影响预算结果

注意一下预算中的计量单位。在家具制作上，各装修公司的区别比较大。比如做大衣柜或书柜，有的公司用延长米，有的用平方米，而有的是用项来计算。这时候就要注意了，因为往往按平方米计算的家具不论多高多宽，都按平方米数乘以单价去计算，而用延长米计算的家具是有高度限制的。

4 图纸与预算尺寸应一致

参照图纸核对预算书中各工程项目的具体数量。例如，用图纸上的尺寸计算出刷墙漆的面积是 $85m^2$，那么预算书应该是 84 ~ $86m^2$，相对来讲数据计算应该是相当严谨和准确的，如果按图纸计算的面积是 $85m^2$，而预算书是 $90m^2$，这就是明显的错误。对于一些单价高的装修项目，往往就会相差上千元钱。

5 材料和工艺说明要具体

装修公司应该告诉业主，所报的这个价格是由什么材料、什么工艺构成的。如果看到这么一项报价：“墙面多乐士 38 元 /m^2”，这显然不够具体。“多乐士”是一个墙面涂料的品牌，包括很多产品，有内墙漆、外墙漆等，内墙漆又分为几大类，且每种漆又有很多种颜色。

6 特殊情况的预算

如墙面裂缝。大面积的裂缝处理要另行收费，这项收费往往在预算中没有，而到现场施工时，根据实际情况才单独提出；再如地砖拼花，有的家庭在铺地砖时喜欢用不同的颜色拼成一定的图案，这笔拼花费用通常也是在结算时才提出来；再如水路、电路施工时，预算中关于水路、电路的改造费用通常是先预收一小部分，竣工时再按实际情况进行结算。

核实装修报价中的“分项报价”

有些公司表面做得比较正规，将某一单项工程随意地分解成多个分项，按每一个分项分别报价。业主通常会觉得选这样的公司是明白消费，却不知其中“猫腻”：如做门，把门扇、门套、合页等五金件分别作为单独的项目计价，他们往往把一些分项价格各提高一小部分，业主不易觉察，在不知不觉中总体价格就这样被提高了很多。更有甚者把安装和油漆的人工费也作为一项收费内容让业主再次交钱。由于受专业知识的限制，业主往往不能识别这其中的秘密，也说不出这种报价不合理的原因，因此也就只有交钱了。实际上，这种分项计价很容易重复收取设计费，使得大部分业主被“宰”还不知所以。

如何降低家装预算

表 3-4 降低装修预算的几个方面

实用至上	房子是用来居住的，装修应紧紧围绕生活起居展开，不能中看不中用。在装修中，一定要记住“实用才是硬道理”
方案阶段尽量减少工程量	在方案阶段，尽量减少工程量，如墙面能不贴墙纸尽量不贴，贴上虽然美观，但不环保。尽量减少吊顶、装饰线条，线条的造价是比较高的，虽然美观，但从使用功能上起不到任何作用，特别是矮小的房子，如果用深色粗线条会显得房子更矮
不要盲目上当	装修的预算主要取决于装修的材料和装修的档次，这也是在装修前一定要考虑好的问题，毕竟装修是个无底洞，不同品牌、不同档次的材料价格相差很大
尽量不要增加或少增加项目	除了一定需要增加的项目外，严格控制好项目的增加量
选择合适的装修公司	合理选择装修公司是控制成本最好的办法，不妨多比较几家装修公司
大众化的材料与工艺	装修中要有重点，重点的部分不妨多花点钱，装修出档次和格调，其他部分不妨就选择大众化的材料和工艺，这样既能突出重点，又能省下不少钱
小房子不要贴大块的地砖、墙砖	大的地砖会加大材料损耗量，如果橱柜面积较大，可用低价位的材料贴背面
“货比三家”选材料	材料有不同的等级，即使是同等级的材料在不同的卖场价格上也会有差异，因此选材一定要“货比三家”
准确计算材料用量	订货时计算材料量要避免过大过小，有些材料是不能退的，如切割了的地砖、踢脚线等
买打折材料	买名牌打折的材料，既省钱又能保证质量
团购大件产品	大件设备可参加团购或待厂家搞活动时集中采购

续表

专业人士帮忙	在选购材料时，不妨与专业人士或装修工人同去，一来他们比较了解行情，同时他们跟材料商比较熟悉，没准能得到让你惊喜的优惠
淡季装修	装修也有淡季和旺季之分，旺季时工人和材料有比较“抢手”，价格当然也会比较高

装修预算与实际施工的合理差额范围

装修预算和实际施工的相差幅度在 ±5% 之间，是属于合理的范围，其中水电工程不计算在内。

装修报价单要会挤“水分”

同一个装修方案，不同的装修公司在报价上都会有很大的差别，这是为什么呢？原因在于报价单中有“水分”。要看报价单中是否有“水分”，最简单的办法就是查看报价单是否在“价格说明”以外，还有“材料结构和制造安装工艺标准”。

以装修中最常见的衣柜制造项目为例，目前市场报价，包工包料最高价约为每平方米 800 元，最低价为每平方米 500 余元。差价有如此之多，其原因就在于制造工艺与使用材料的不同。有的使用合资板，有的使用进口板，在进口板中又分为中国台湾板、马来西亚板和印尼板。此外，夹板中又有夹层板和木芯板之分，两者又有较大的价格差别。如果忽视制造工艺、技术标准和使用什么品牌的油漆、油几遍油漆等，又怎么能弄清价格的水分程度呢？

拆除工程参考预算报价

拆除工程

编号	工程项目	单位	单价/元	材料结构及工艺标准说明
1	拆墙	m^2	39	含打墙、人工费及购买垃圾袋费用。厚度限18cm内。严禁拆除混凝土墙以及梁柱
2	拆墙	m^2	45	含打墙、人工费及购买垃圾袋费用。厚度19～30cm内。严禁拆除混凝土墙以及梁柱
3	拆门、门框	樘	65	拆原门、门框，并用水泥砂浆批边，含人工
4	铲旧地面砖	m^2	17	含购袋、铲除，铲至水泥面。不含铲除水泥面
5	铲旧墙面瓷片	m^2	18	含购袋、铲除，铲至水泥面。不含铲除水泥面
6	铲旧墙面原批荡	m^2	13	人工铲除至砖墙面，含购袋、铲除
7	铲原墙面表面乳胶漆或原灰层	m^2	5	含购袋、铲除
8	原旧墙面刷光油	m^2	7	光油稀释涂刷旧墙面，起隔离作用
9	拆墙垃圾清理	m^2	11	四层楼以上无电梯必须加收此项费用
10	拆洁具	项	250	全房洁具

水路工程参考预算报价

水路工程

编号	工程项目	单位	单价/元	材料结构及工艺标准说明
1	水电线路的人工开挖槽	m	12	水电开挖槽
2	水路改装	m	71	ϕ40日丰铝塑管含配件，不含开槽
3	水路改装	m	85	ϕ60日丰铝塑管含配件，不含开槽
4	水路改装	m	71	ϕ40高级PVC复合管含配件，不含开槽
5	水路改装	m	110	ϕ40紫铜管及配件，不含开槽
6	水路改装	m	135	ϕ60紫铜管及配件，不含开槽

电路工程参考预算报价

电路工程

编号	工程项目	单位	单价/元	材料结构及工艺标准说明
1	电路暗管布管布线	m	42	2.5mm^{2}国标华新多芯铜芯线，不含开槽
2	电路暗管开槽	m	12	仅含人工费
3	明管安装	m	36	包工包料；2.5mm^{2}国际华新多芯铜芯线，如需超出此线规格，则由甲方补材料价差，具体以实际长度计算，完工前双方签字认可，不含开挖槽及开关、插座
4	原有线路换线	m	12	2.5mm^{2}国标铜芯线，不含开槽
5	弱电布线	m	33	电视、电话、音响、网络优质线（不含开槽）
6	弱电布线	m	24	仅含人工费（不含开槽）
7	开关插座安装（暗线盒）	个	12	仅含人工费

砌墙工程参考预算报价

砌墙工程

编号	工程项目	单位	单价/元	材料结构及工艺标准说明
1	夹板封墙	m^2	95	1. 用30mm×40mm双面木龙骨框架，双层广州合资B板3mm+5mm夹板。 2. 不含批灰、批荡、墙面油漆。 3. 工程量双面测量
2	夹板封隔音墙	m^2	118	1. 用30mm×40mm双面木龙骨框架，双层广州合资3mm+5mm夹板，内填吸声棉。 2. 不含批灰、墙面油漆。 3. 工程量双面测量。如市场断货，选用同等品质材料
3	泡沫砖墙	m^2	95	1. 含泡沫砖及人工费用。 2. 不含批灰、批荡、墙面油漆
4	轻质水泥砖砌墙	m^2	100	1. 含轻质水泥砖、水泥、砂浆，砌墙工费、不含批荡。 2. 不含批灰、墙面油漆 3. 材料选用国标32.5级水泥，如市场断货，选用同等品质材料

续表

编号	工程项目	单位	单价/元	材料结构及工艺标准说明
5	空心水泥砖砌墙	m^2	115	1. 含空心水泥砖、水泥、砂浆、砌墙工费、不含批荡。 2. 不含批灰、墙面油漆。 3. 材料选用国标32.5级水泥，如市场断货，选用同等品质材料
6	新砌白宫板墙	m^2	210	1. 白宫板封墙，含工费、辅料。 2. 不含批灰、批荡、墙面油漆。 3. 材料选用白宫板，如市场断货，选用同等品质材料
7	新砌钛铂板墙	m^2	150	1. 用6分钛铂板封墙，含工费、辅料。 2. 水泥砂浆找平，厚度不大于5mm。 3. 不含批灰、墙面油漆。 4. 材料选用6分钛铂板，如市场断货，选用同等品质材料
8	新砌钛铂板墙	m^2	190	1. 用8分钛铂板封墙，含工费、辅料。 2. 水泥砂浆找平，厚度不大于5mm。 3. 不含批灰、墙面油漆。 4. 材料选用8分钛铂板，如市场断货，选用同等品质材料
9	水泥板现浇墙	m^2	400	1. 用国标32.5级水泥、国标钢筋做结构。 2. 不含批灰、墙面油漆。 3. 材料选用国标32.5级水泥，如市场断货，选用同等品质材料
10	埃特板墙	m^2	210	1. 用20mm×30mm木龙骨，单面封8mm埃特板。 2. 墙面批荡、饰面刷乳胶漆费用另计
11	埃特板墙	m^2	310	1. 用30mm×40mm木龙骨，双面封8mm埃特板。 2. 墙面批荡、饰面刷乳胶漆费用另计
12	石膏板墙	m^2	135	1. 轻钢龙骨，双面封12mm石膏板。 2. 不含批灰、墙面油漆。 3. 材料选用白象牌石膏板，如市场断货，选用同等品质材料
13	石膏板墙	m^2	95	1. 用30mm×40mm木龙骨，单面封12mm石膏板。 2. 不含批灰、墙面油漆。 3. 材料选用白象牌石膏板，如市场断货，选用同等品质材料

墙面批荡工程参考预算报价

墙面批荡工程

编号	工程项目	单位	单价/元	材料结构及工艺标准说明
1	墙面批荡	m^2	18	水泥、砂浆单面批荡，不含油漆

续表

编号	工程项目	单位	单价/元	材料结构及工艺标准说明
2	墙面包钢网批荡	m^2	35	1. 包钢网、水泥、砂浆，单面批荡。 2. 含工费、不含油漆
3	天面批荡	m^2	25	水泥、砂浆单面批荡，不含油漆（按天面面积计算）

墙面工程参考预算报价

墙面工程

编号	工程项目	单位	单价/元	材料结构及工艺标准说明
乳胶漆工程				
1	刷乳胶漆	m^2	20	用双飞粉批三遍、一底三面，绿保牌108环保胶，白色，不含乳胶漆
“多乐士”系列				
1	“多乐士涂料”（亚光）	m^2	28	涂料“五合一”，用双飞粉批三遍、一底三面，绿保牌108环保胶，白色，如彩色加3元/m^2（按公司施工工艺操作）
2	“多乐士涂料”（光面）	m^2	28	涂料“五合一”，用双飞粉批三遍、一底三面，绿保牌108环保胶，白色，如彩色加3元/m^2（按公司施工工艺操作）
3	“多乐士涂料”（亚光）	m^2	25	涂料“三合一”，用双飞粉批三遍、一底三面，绿保牌108环保胶，白色，如彩色加3元/m^2（按公司施工工艺操作）
4	“多乐士涂料”（皓白亚光）	m^2	40	涂料“皓白”，用双飞粉批三遍、一底三面，绿保牌108环保胶，白色，如彩色加3元/m^2（按公司施工工艺操作）
5	“多乐士涂料”（有光）	m^2	25	涂料“三合一”，用双飞粉批三遍、一底三面，绿保牌108环保胶，白色，如彩色加3元/m^2（按公司施工工艺操作）
6	彩色“多乐士涂料”附加费用	m^2	4	如选用彩色“多乐士涂料”，每平方米多加此项费用
“多伦斯”系列				
1	多伦斯涂料（阿卡尔亚光）	m^2	40	双飞粉批三遍，法国原装进口，一次底漆一遍面漆，绿保牌108环保胶，白色

续表

编号	工程项目	单位	单价/元	材料结构及工艺标准说明
2	多伦斯涂料（法斯多光面）	m^2	42	双飞粉批三遍，法国原装进口，一次底漆二遍面漆，绿保牌108环保胶，白色
3	多伦斯涂料（法斯多半光亮）	m^2	45	双飞粉批三遍，法国原装进口，一次底漆二遍面漆，绿保牌108环保胶，白色
4	多伦斯涂料法斯多毛面（亚光）	m^2	42	双飞粉批三灰，法国原装进口，一次底漆二遍面漆，绿保牌108环保胶，白色
5	彩色多伦斯涂料附加费用	m^2	4	如选用彩色多伦斯涂料，每平方米多加此项费用
“立邦”系列				
1	墙面乳胶漆“立邦”（抗菌）	m^2	31	双飞粉批三灰，独资，一底二面，绿保牌108环保胶（按公司施工工艺操作）
2	墙面乳胶漆“立邦”（10合1）	m^2	40	双飞粉批三灰，独资，一底二面，绿保牌108环保胶（按公司施工工艺操作）
3	墙面乳胶漆“立邦”（3合1）	m^2	28	双飞粉批三灰，独资，一底二面，绿保牌108环保胶（按公司施工工艺操作）
4	墙面彩色乳胶漆“立邦”附加费用	m^2	4	如选用彩色“立邦”乳胶漆，每平方米多加此项费用
其他：墙面造型				
1	墙面石头喷漆	m^2	220	石头漆（单色），喷二遍
2	墙面榉木板拼贴	m^2	260	广州合资B板9mm板铺底、国产3mm榉木面板饰面、拼板
3	墙裙	m^2	200	20mm×30mm木龙骨结构，国产5mm夹板垫底，墙裙高1m
4	聚晶石墙面造型（5mm）	m^2	490	含人工材料，宽度不大于900mm，高度不大于1200mm，如需加厚费用另计
5	冰花玻璃造型（8mm）	m^2	630	含人工材料，玻璃如需加厚费用另计（喷漆黄变，建议少用或不用）
6	裂纹玻璃造型（12mm）	m^2	670	含人工材料，玻璃如需加厚费用另计
7	文化石墙面造型	m^2	72	仅含人工辅料（水泥，粘接剂），文化石由业主自购
8	软包背景	m^2	300	广州合资B板背板，实木线条收边（装饰布限价60元/m，海绵不超3cm，超出部分费用由业主自理）
9	软包背景	m^2	410	广州合资B板背板，实木线条收边（装饰布限价100元/m，海绵不超3cm，超出部分费用由业主自理）

续表

编号	工程项目	单位	单价/元	材料结构及工艺标准说明
10	贴墙纸	m^2	35	仅含人工、批荡、底漆，墙纸由业主提供
11	空心玻璃砖墙面 190×190	m^2	780	含人工辅料（白水泥或玻璃胶）；空心玻璃砖限价15元/块，超出部分费用由业主自理
12	实木罗马柱造型（直纹）	根	1840	直径20cm，1100元/m，不含柱头，柱头600元/个（限柏木，其他另计）
13	实木罗马柱造型（直纹）	根	1680	直径15cm，950元/m，不含柱头，柱头600元/个（限柏木，其他另计）
14	石膏罗马柱造型（直纹）	根	300	直径不大于200mm，200mm以上价格另计
15	墙面贴瓷片	m^2	42	如仅包人工和辅料、不含主料
16	墙面贴大理石	m^2	120	如仅包人工和辅料、不含主料

楼板工程参考预算报价

楼板工程

编号	工程项目	单位	单价/元	材料结构及工艺标准说明
1	水泥板现浇楼面	m^2	780	1. 用国标32.5级水泥、国标钢筋现浇结构。 2. 含工费
2	钢架楼面	m^2	900	1. 用100mm×50mm工字钢与槽钢结构，3mm钢板铺面，不含找平。 2. 含人工费

天花工程参考预算报价

天花工程

编号	工程项目	单位	单价/元	材料结构及工艺标准说明
夹板造型天花				
1	夹板造型一级天花	m^2	190	300mm×300mm木方框架，5mm广州B板双层贴面，不含乳胶漆，接缝环氧树脂补缝，防潮费用另计

续表

编号	工程项目	单位	单价/元	材料结构及工艺标准说明
2	夹板造型二级天花	m^2	245	300mm×300mm木方框架，5mm广州B板双层贴面不含乳胶漆，接缝环氧树脂补缝，防潮费用另计（以展开表面积计算平方米）
3	夹板造型三级天花	m^2	270	300mm×300mm木方框架，5mm广州B板双层贴面，不含乳胶漆，接缝环氧树脂补缝，防潮费用另计（以展开表面积计算平方米）
4	夹板吊顶异形造型吊顶	m^2	335	300mm×300mm木方框架，5mm广州B板双层贴面，不含乳胶漆，接缝环氧树脂补缝，防潮费用另计（以展开表面积计算平方米）
轻钢龙骨防潮板、石膏板天花				
1	轻钢龙骨（防潮板、石膏板）平顶天花	m^2	145	轻钢龙骨，底面象牌，9mm石膏板
2	轻钢龙骨二级天花	m^2	195	轻钢龙骨，底面象牌，9mm石膏板
3	磨砂玻璃吊顶	m^2	215	5mm磨砂玻璃，限价35元/m^2
4	垫弯曲玻璃吊顶	m^2	850	8mm折弯玻璃
5	彩玻吊顶	m^2	270	普通5mm彩玻，限价60元/m^2
扣板吊顶				
1	铝扣板吊顶（条形）	m^2	119	国产0.5mm条形扣板、铝质边角，材料限价45元/m^2
2	铝扣板吊顶（方形）	m^2	119	国产0.5mm方形扣板、铝质边角，材料限价45元/m^2
顶面角线				
石膏角线				
1	石膏角线	m	16	80mm×2400mm穗华牌石膏角线，包工、包料
2	异形石膏角线	m	95	80mm×2400mm穗华牌石膏角线，包工、包料
新世纪PU角线				
1	天花角线	m	28	80mm×2400mm新世纪PU角线，包工、包辅料
2	天花角线	m	32	120mm×2400mm新世纪PU角线，包工、包辅料
3	弧形角线	m	40	150mm×2400mm新世纪PU角线，包工、包辅料
木质角线				
1	红榉阴角线	m	42	规格70mm×90mm，国产，包工、包料

地面找平工程参考预算报价

地面找平工程

编号	工程项目	单位	单价/元	材料结构及工艺标准说明
1	地面找平2cm以下	m^2	17	含水泥、砂浆及人工费用
2	地面找平2.5～5cm	m^2	33	含水泥、砂浆及人工费用
3	地面抬高10cm以下	m^2	185	用国产15mm大芯板结构，15mm大芯板封面
4	地面抬高10～15cm	m^2	195	用国产15mm大芯板结构，15mm大芯板封面
5	地面抬高20cm	m^2	215	用国产15mm大芯板结构，15mm大芯板封面

地面工程参考预算报价

地面工程

编号	工程项目	单位	单价/元	材料结构及工艺标准说明
1	地面铺地砖 600mm×600mm	m^2	42	仅含人工和辅料，地砖由业主自购
2	地面铺地砖 800mm×800mm	m^2	55	仅含人工和辅料，地砖由业主自购
3	地面铺拼花地砖	m^2	50	含人工、辅料（水泥、砂浆）及拼花造型附加费，地砖由业主自购
4	铺地毯	m^2	16	仅含人工，不含地毯胶、收边条

地板工程参考预算报价

地板工程

编号	工程项目	单位	单价/元	材料结构及工艺标准说明
1	铺漆板	m^2	82	防潮棉、合资9mm棉板、辅料、人工，不含主材及打蜡

续表

编号	工程项目	单位	单价/元	材料结构及工艺标准说明
2	铺素板	m^2	138	防潮棉、合资9mm棉板、打磨、油漆三遍、辅料、人工，不含主材及打蜡

踢脚线工程参考预算报价

踢脚线工程

编号	工程项目	单位	单价/元	材料结构及工艺标准说明
1	瓷砖踢脚线	m	15	仅含人工辅料
2	红榉木饰面踢脚线	m	30	广州合资B板9mm夹板铺底，面贴3mm合资红榉木面板，红榉实木线条收边口
3	樱桃木饰面踢脚线	m	35	广州合资B板9mm夹板铺底，面贴3mm合资樱桃木面板，红榉实木线条收边口
4	胡桃木饰面踢脚线	m	42	广州合资B板9mm夹板铺底，面贴3mm合资黑胡桃木面板，胡桃木实木线条收边口
5	大理石踢脚线	m	22	仅包人工辅料；大理石由业主提供

楼梯、栏杆工程参考预算报价

楼梯、栏杆工程

编号	工程项目	单位	单价/元	材料结构及工艺标准说明
1	楼梯铁艺护栏	m	555	1m以下，包安装、油漆、人工；不含立柱、弯头部分
2	榉木			染色加30元/m
	（1）实木弯头	个	496	材料、安装、油漆、人工
	（2）普通实木柱	m	680	材料、安装、油漆、人工
	（3）实木直护手	m	160	材料、安装、油漆、人工
	（4）实木弯护手	m	370	材料、安装、油漆、人工
	（5）实木扭弯护手	m	620	材料、安装、油漆、人工

续表

编号	工程项目	单位	单价/元	材料结构及工艺标准说明
3	白原木			染色加30元/m，手扫漆加50元/m
	（1）实木弯头	个	496	材料、安装、油漆、人工
	（2）普通实木柱	m	680	材料、安装、油漆、人工
	（3）实木直护手	m	149	材料、安装、油漆、人工
	（4）实木弯护手	m	320	材料、安装、油漆、人工
	（5）实木扭弯护手	m	470	材料、安装、油漆、人工
4	黑胡（樱）桃			
	（1）实木弯头	个	743	材料、安装、油漆、人工
	（2）普通实木柱	m	866	材料、安装、油漆、人工
	（3）16cm雕花实木柱	m	1240	材料、安装、油漆、人工
	（4）实木直护手	m	223	材料、安装、油漆、人工
	（5）实木弯护手	m	540～600	材料、安装、油漆、人工
	（6）实木扭弯护手	m	841	材料、安装、油漆、人工
5	踏步	级	145	9mm夹板

卫生洁具、电器安装工程参考预算报价

卫生洁具、电器安装工程

编号	工程项目	单位	单价/元	材料结构及工艺标准说明
1	安装坐厕（仅人工费）	项	120	原有管路不改动
2	安装蹲厕（仅人工费）	项	330	原有管路不改动
3	安装洗面盆（仅人工费）	项	95	原有管路不改动
4	安装立式冲凉房（仅人工费）	项	240	原有管路不改动
5	安装浴缸（仅人工费）	项	300	原有管路不改动
6	安装抽油烟机（仅人工费）	台	95	不含管道改造
7	安装排风扇（仅人工费）	台	60	不含管道改造
8	安装镜子	m^2	35	只含人工及辅料

橱柜、台面工程参考预算报价

橱柜、台面工程

编号	工程项目	单位	单价/元	材料结构及工艺标准说明
1	地柜（防火板）	m	700	15mm绿叶大芯板框架结构，内外贴国产8mm防火板（防火板限价45元/张），背板5mm广州B板。橱柜台面业主自购
2	吊柜	m	700	15mm绿叶大芯板框架结构，内外贴国产8mm防火板（防火板限价45元/张），背板5mm广州B板
3	台面	m	780	美家石或蒙特利人造石。限宽600mm，超宽每米加50元
4	台面安装	m	95	包人工及辅料，业主自购台面

门、窗、窗帘盒工程参考预算报价

门、窗、窗帘盒工程

编号	工程项目	单位	单价/元	材料结构及工艺标准说明
厨房、卫生间门				
1	厨房、卫生间防水门	樘	420	门限价270元/樘，包安装，不包门套
室内房门				
1	做新门含门套（平板门）（红、白榉）	樘	1370	门：3cm×2cm杉木龙骨或15mm广州合资夹板条形夹板状形框架结构，外封广州5mm B板，3mm国产红榉木面板封面，四周0.7cm×4.5cm实木线条收边。门套：15mm国产绿叶大芯板铺底，外实木线条收口，合页限10元/副
2	做新门含门套（造型门）（红、白榉）	樘	1600	门：3cm×2cm杉木龙骨或15mm国产绿叶板条形夹板状形框架结构，外封广州5mm B板，3mm国产红榉木面板封面，四周0.7cm×4.5cm实木线条收边。门套：15mm国产绿叶大芯板铺底，外实木线条收口，合页限10元/副
3	做新门含门套（手扫漆）（水曲柳）	樘	1550	门：3cm×2cm杉木龙骨或15mm国产绿叶板条形夹板状形框架结构，外封广州5mm B板，3mm国产水曲柳面板封面，四周0.7cm×4.5cm实木线条收边。门套：15mm国产绿叶大芯板铺底，外实木线条收口，合页限10元/副

续表

编号	工程项目	单位	单价/元	材料结构及工艺标准说明
4	做新门含门套（黑胡桃木平板门）	樘	1550	门：3cm×2cm杉木龙骨或15mm国产绿叶板条框架结构，外封广州5mm B板，3mm胡桃木面板封面，四周0.7cm×4.5cm实胡桃木线条收边。门套：15mm国产绿叶大芯板铺底，外实木线条收边，合页限10元/副
5	做新门含门套（黑胡桃木造型门）	樘	1800	门：3cm×2cm杉木龙骨或15mm国产绿叶板条框架结构，外封广州5mm B板，3mm胡桃木面板封面，四周0.7cm×4.5cm实胡桃木线条收边。门套：15mm国产绿叶大芯板铺底，外实木线条收边，合页限10元/副
6	做新门含门套（樱桃木面平板门）	樘	1370	（1）30mm×20mm杉木龙骨或15mm广州合资夹板条形夹板状形框架结构，外封广州合资5mm夹板，冠华3mm樱桃木面板封面，四周实樱桃木线条收边。（2）15mm国产绿叶大芯板铺底，外贴70mm木线条包门套。合页限10元/副
海螺塑钢门				
1	平开塑钢门（木纹另计）	m^2	600	国产海螺牌型材，单层白玻，国产配件
2	平开塑钢门（木纹另计）	m^2	750	国产海螺牌型材，双玻，国产配件
3	推拉塑钢门（木纹另计）	m^2	560	国产海螺牌型材，单层白玻，国产配件
4	推拉塑钢门（木纹另计）	m^2	670	国产海螺牌型材，双玻，国产配件
5	塑钢王塑钢门、窗	m^2	680	5mm白玻、塑钢王塑钢、人工
6	中航塑钢门、窗	m^2	1360	5mm白玻、中航塑钢、人工
7	诗美居塑钢门、窗	m^2	800	5mm白玻、诗美居塑钢、人工

门套、窗套工程参考预算报价

门套、窗套工程

编号	工程项目	单位	单价/元	材料结构及工艺标准说明
包门套				
1	包门套（红榉单面）	m	95	15mm绿叶大芯板铺底，合资红榉面板外贴7cm×0.7cm榉木线条包门套，限20cm内宽

续表

编号	工程项目	单位	单价/元	材料结构及工艺标准说明
2	包门套（红榉双面）	m	115	15mm绿叶大芯板铺底，合资红榉面板外贴7cm×0.7cm榉木线条包门套，限20cm内宽
3	包门套（樱桃单面）	m	95	15mm绿叶大芯板铺底，合资樱桃面板外贴7cm×0.7cm樱桃木线条包门套，限20cm内宽
4	索色包门套（樱桃单面）	m	155	15mm绿叶大芯板铺底，合资樱桃面板外贴7cm×0.7cm樱桃木线条包门套，限20cm内宽
5	包门套（樱桃双面）	m	115	15mm绿叶大芯板铺底，合资樱桃面板外贴7cm×0.7cm樱桃木线条包门套，限20cm内宽
6	索色包门套（樱桃双面）	m	200	15mm绿叶大芯板铺底，合资樱桃面板外贴7cm×0.7cm樱桃木线条包门套，限20cm内宽
7	包门套（黑胡桃单面）	m	120	15mm绿叶大芯板铺底，合资黑胡桃面板外贴7cm×0.7cm黑胡桃木线条包门套，限20cm内宽
8	包门套（黑胡桃双面）	m	145	15mm绿叶大芯板铺底，合资黑胡桃面板外贴7cm×0.7cm黑胡桃木线条包门套，限20cm内宽
9	推拉门套（红榉单面）	m	130	15mm绿叶大芯板铺底，合资红榉面板外贴7cm×0.7cm榉木线条包门套，限20cm内宽。滑轮限价25元/副，国产铝轨
10	推拉门套（红榉双面）	m	145	15mm绿叶大芯板铺底，合资红榉面板外贴7cm×0.7cm榉木线条包门套，限20cm内宽。滑轮限价25元/副，国产铝轨
11	推拉门套（樱桃单面）	m	130	15mm绿叶大芯板铺底，合资樱桃面板外贴7cm×0.7cm樱桃木线条包门套，限20cm内宽。滑轮限价25元/副，国产铝轨
12	索色推拉门套（樱桃单面）	m	190	15mm绿叶大芯板铺底，合资樱桃面板外贴7cm×0.7cm樱桃木线条包门套，限20cm内宽。滑轮限价25元/副，国产铝轨
13	推拉门套（樱桃双面）	m	155	15mm绿叶大芯板铺底，合资樱桃面板外贴7cm×0.7cm樱桃木线条包门套，限20cm内宽。滑轮限价25元/副，国产铝轨
14	索色推拉门套（樱桃双面）	m	215	15mm绿叶大芯板铺底，合资樱桃面板外贴7cm×0.7cm樱桃木线条包门套，限20cm内宽。滑轮限价25元/副，国产铝轨
15	推拉门套（黑胡桃单面）	m	145	15mm绿叶大芯板铺底，合资黑胡桃面板外贴7cm×0.7cm黑胡桃木线条包门套，限20cm内宽。滑轮限价25元/副，国产铝轨
16	推拉门套（黑胡桃双面）	m	170	15mm绿叶大芯板铺底，合资黑胡桃面板外贴7cm×0.7cm黑胡桃木线条包门套，限20cm内宽。滑轮限价25元/副，国产铝轨
17	和式推拉门扇（红榉）	m^2	625	15mm绿叶大芯板结构，夹5mm全磨砂玻璃，实木线条收口，普通方格实榉木线条压边，外贴合资3mm榉木面板

续表

编号	工程项目	单位	单价/元	材料结构及工艺标准说明
18	和式推拉门扇（黑胡桃）	m^2	695	15mm绿叶大芯板结构，夹5mm全磨砂玻璃，实木线条收口，普通方格实黑胡桃木线条压边，外贴合资3mm黑胡桃木面板
19	和式推拉门扇（樱桃）	m^2	625	15mm绿叶大芯板结构，夹5mm全磨砂玻璃，实木线条收口，普通方格实樱桃木线条压边，外贴合资3mm樱桃木面板
20	索色和式推拉门扇（樱桃木）	m^2	720	15mm绿叶大芯板结构，夹5mm全磨砂玻璃，实木线条收口，普通方格实樱桃木线条压边，外贴合资3mm樱桃木面板
				夹板、面板包窗套
1	包窗套（平窗红榉）	m	86	9mm广州B板铺底，合资红榉面板外贴7cm×0.7cm榉木线条包门套，限20cm内宽，防潮、防水费用另计
2	包窗套（平窗黑胡桃）	m	98	9mm广州B板铺底，合资胡桃面板外贴7cm×0.7cm黑胡桃木线条包门套，限20cm内宽，防潮、防水费用另计
3	包窗套（外凸窗红榉）	m	120	9mm广州B板铺底，合资红榉面板外贴7cm×0.7cm榉木线条包门套，限20cm内宽，防潮、防水费用另计
4	包窗套（外凸窗黑胡桃）	m	130	9mm广州B板铺底，合资胡桃面板外贴7cm×0.7cm胡桃木线条包门套，限20cm内宽，防潮、防水费用另计
5	包窗套（外凸窗黑胡桃）宽超20cm以上	m	149	9mm广州B板铺底，合资胡桃面板外贴7cm×0.7cm胡桃木线条包门套，宽超20cm以上，防潮、防水费用另计
6	索色包窗套（平窗樱桃木）	m	180	9mm广州B板铺底，合资樱桃木面板外贴7cm×0.7cm黑胡桃木线条包门套，限20cm内宽，防潮、防水费用另计

综合工程参考预算报价

综合工程

编号	工程项目	单位	单价	材料结构及工艺标准说明
1	工程管理费	项	4%	占工程总造价
2	材料运费	项	1%	有电梯搬运，占工程总造价
3	材料运费	项	1.5%	无电梯搬运，占工程总造价

续表

编号	工程项目	单位	单价	材料结构及工艺标准说明
4	材料运费	项	2%	七层楼以上无电梯，占工程总造价
5	卫生清洁费	项	1%	占工程总造价（与管理处卫生清洁费无关）
6	防水防漏工程	m^2	70	上海汇丽牌防水涂料
			65	PA-A高分子益胶泥
7	全居室厨具、洁具安装（不含浴缸、热水器、蹲厕）	项	540元	一卫一厨
			820元	二卫一厨
			1000元	三卫一厨
			1200元	复式或别墅
8	空气室	项	360元	$100m^2$以下
			480元	101 ~ $150m^2$
			600元	151 ~ $200m^2$
			720元	201 ~ $250m^2$
			850元	$250m^2$以上
9	灯具安装	项	580元	三房二厅/全居室
			700元	四房二厅/全居室
			820元	五房二厅/全居室
			1200元	复式或别墅/全居室

第四部分

装修中与钱有关的常见问题

“多、快、好、省”干装修，是所有人的心声，然而，很大一部分业主在装修完后都会超支，甚至花了冤枉钱，这又是为什么呢？这部分内容将为您呈上在装修过程中与“钱袋子”相关的各种问题，并且帮您找到正确答案。

装修预算易犯的通病

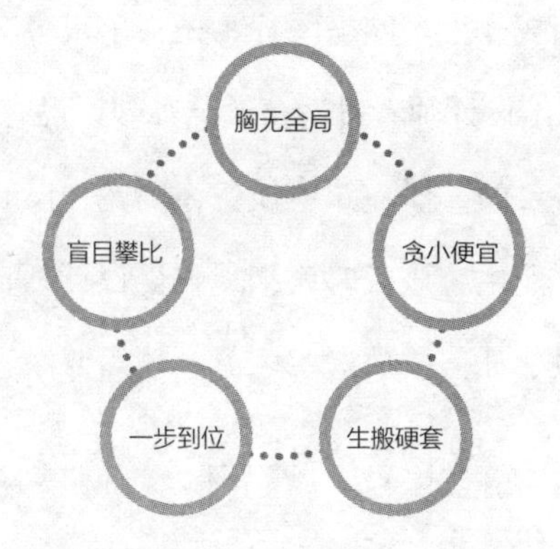

图 4-1 装修最容易犯的五种毛病

1 胸无全局

很多准业主在拿到新房钥匙后，还没计划好就立刻进行装修，从选择装修风格时就开始茫然，不知道哪种风格更适合自己，全凭一时的喜好，边装边看，结果导致装修效果与预想相差甚远，而且装修预算也会超支很多。

因此，准业主们拿到钥匙后，不要着急装修，应先确定装修风格，包括使用的装饰材料、家具的购买和摆放位置等细节都要做到心中有数。然后结合装修风格、自身的经济能力，确定预算，并在施工过程中尽量控制预算。

2 贪小便宜

事实上，很多装修上的纠纷都是业主贪小便宜心理造成的。比如，许多业主为了省钱，聘请无牌施工队进行装修。按合同该竣工时却迟迟不能完工，施工战线越拖越长。而在环保方面，许多业主在装修结束后几个月还不能入住，因为室内的味道让人不敢正常呼吸。

3 生搬硬套

装修前，业主在网上找了很多漂亮图片，还买了很多时尚家居杂志。装修时，业主把精挑细选的图片拿给设计师看过后，设计师却说没有一个适合新家。

适当参考与借鉴是必要的，但一味地模仿，则完全没有必要。不妨与设计师及时沟通。在施工之前，准业主应该及时详细地告诉设计师自己的需求，并根据自己家的户型去购买哪些家具、如何摆放这些家具、还需要添置哪些配饰等问题与设计师达成共识。

4 一步到位

年轻人装修新房很容易走入一个误区，总想“一步到位”，做满屋子的柜子和一些固定性的家具。客厅里的大沙发面对一个大背景墙或是电视柜；卧室里是衣柜、大床，满眼是不能动的家具，很长一段时间无法再做改变与调整。

装修应该随环境改变做相应的调整，尤其当二人世界变成三口之家时，如何合理划分和利用房屋的空间，主人还需要进行重新调整。因此新房装修一定要“留白”，为适应未来变化留有足够的空间。一次性全部完成装修会造成很大的浪费，也会让主人在重新规划房屋时，一方面不知如何设计，一方面还舍不得丢弃已经过时的家具。

5 盲目攀比

很多人装修房子喜欢跟风，看到别人追求豪华，也一味追求，不管自己的实际情况，结果一套居室装修下来，耗去数十万元。

过度消费是准业主一种非常不成熟的消费心理。现代人装修的理念应该是从简、环保，居住的温馨和舒适才是最重要的。“盲目攀比”投入资金比重偏大，占据室内空间也较多，同时因为使用有毒有害材料较多，对身心健康也很不利。

装修找熟人

很多业主本着对熟人的信任而选择对方给自己装修，但最后得到的却是材料以次充好、工程质量严重不过关等回报。此时，业主即使想解决，也往往因为是朋友而显得比较为难。更有甚者，当业主找到负责人时，对方还有不小的意见，认为自己全是为了帮朋友忙，接这个单子是吃了亏的。事已至此，业主往往只能吃哑巴亏。

家装行业一直流传着“装修不能找熟人”的传言，类似“宰熟”的现象更是屡见不鲜。因此，业主在选择装修队伍的时候一定要谨慎，不管是熟人介绍，还是自己物色装饰公司，都应该对其曾经施工的工程进行考察。其中包括工人的素质以及工人办事的效率，因为这些在很大程度上影响着工程的质量和能否按时完成装修。此外，不论找什么样的人装修，都是在进行一种经济行为，一定要签好施工协议和相关合约，并严格按照合同办理，以便把可能出现的损失降到最低。

面对“优惠”要清醒

近年来，很多装修公司都会推出不同的优惠措施和打折活动。业内人士提醒，面对打折和优惠，切不可盲目动心，一定要摸准市场行情。通常情况下，不妨在装修前多逛几遍建材市场，了解材料的潮流和价格，重点关注自己有可能选择的材料，这样才能避免落入“优惠”的陷阱。

装修预算能否告诉装修公司

许多业主不愿意把装修预算费用告诉装修公司，这是很自然的“怕吃亏”心理。

业主所担心的是：假如装修预算是 10 万元，但其实 8 万元就可以了，如果对装修公司讲出预算后，装修商就会报高价，那岂不是吃了大亏。其实，价钱是由做法和用料决定的。即以同一个设计来讲，不同的做法和用料，就有不同的价钱，假如一个装修公司报价 8 万元，表面听起来，比你的预算价低了 2 万元，但说不定他给你的只是值 5 万多元的用料和做法而已。

> 是否把装修预算告诉装修公司，不是吃亏的关键。即使你不告诉装修公司，你还难免要吃亏。但若真的不告诉装修公司，装修公司只好去做猜谜游戏，高估或低估了业主的装修预算，结果难免要改动做法和用料，重新设计。这对双方来说，都既浪费时间，又浪费精力。

不要“最低价”中标

千万不要一味以为“价钱便宜”就是好，必须查清是什么材料和做法，有什么服务，才能决定给哪一家装修公司去做。如果你没有什么装修经验，对工程材料、做法不太熟悉，没有把握去处理这类报价的复杂情况，最简单、最保险的是按以下办法去处理。

1. 先去选择一家有规模、有信誉的装修公司，最好是有熟人曾经委托过的，知道它是忠实可靠、值得信赖的。
2. 装修公司向你报价，必须列明装修项目、数量、规格、单价及总价。
3. 装修公司要同时提供详细的做法和材料样品。
4. 装修公司应与你签约，列明装修费用和完工期限。

图 4–2　考察装修公司的重要方面

如果装修公司能够做到上述几条，可以相信，即使你把装修预算告诉他，也不会吃亏到哪里去，只会有益于整个装修。

设计费是否必须支出

作为一种促销手段，许多家装公司提出为客户提供免费设计，并逐渐成为一种行业惯例流行至今，因此在大部分消费者头脑中也形成了家装设计不收费的概念。

其实就是家装业内人士也认为，目前大多数的家装设计师充其量只能算是会画图的业务员。据了解，目前大多数设计师的收入是根据设计师每接一个家装工程产值的2%～3%收取提成，设计的工程越多，提成也就越多，设计师的收入也会随之增加。在这种情况下，设计师为了增加收入，无疑会多接单，一个设计师通常在一个月内同时接6～8单甚至更多，由于设计师的精力是有限的，每一个设计都会被设计师压缩在最短的时间内完成，因此粗制滥造是不可避免的。

由于设计师是靠拿家装工程产值的提成吃饭，产值越高，收入也就越多，因此在做“设计方案”时往往并不根据客户的实际需要，不该做的也要客户做，比如石膏线、吊顶、各种造型等，从而增加材料和人工费，这样“免”掉的设计费就从这里找回来了。

对业主而言，一个好的设计方案由于在设计上有了一个整体规划，反而可以节省装修的总造价，因此在设计上多投入对业主是有利的。可以说，一个优秀的设计完全可以让业主少花钱，还能获得好效果。

家装设计由谁做主最省钱

家居的设计应充分考虑每位业主的需求和特点。很多人喜欢把家装设计交给装修公司，自己不参与设计；这样设计出来的居室往往无法体现居住者的爱好和性格。

为了在居室里满足自己的需求，在设计伊始就应该参与设计，最基本的就是将自己喜欢的风格、颜色、材质等告诉设计师，然后让设计师对你的要求提出专业的意见，并且把双方的想法体现在设计图纸上。

由于双方的立场不同，业主更应该从自身居住的角度考虑，设计师提出的合适的就采纳，不合适的就应坚定否决。

索要执照证件以防受骗

向装修公司索要工商营业执照、资质证明等相关证件，检验相关人员资质，以防上当受骗。

一些装修公司并不具备相应资质，而是挂靠在有资质的公司下，也就是公司并不对施工队伍的施工质量和服务负责。而在合同中的“发包方和承包方”一项中，有“委托代理人”一栏。这些装修公司属挂靠、承包企业，却故意漏写“委托代理人”一栏，也不填写法人委托的代理人姓名及联系电话，以便出现问题后推卸责任。一旦装修期间或保修期内出现质量问题，业主的利益得不到任何保障。

业主在选择装修公司时应仔细核对其装修资质和营业执照，并应让其出示原件，看装修公司的营业执照“经营项目”中，必须有“承揽室内装饰装修工程”这一项。业主还要留意公司有无正规的办公地点，是否能出具合格的票据等。对公司工作人员应该让其出示相关证件，如电工证、施工管理人员资格证等，并核对该公司的营业场所的地址、电话是否真实有效。

签订合同的当时一定要注明负责工程的工长姓名、籍贯，避免企业临时雇用其他施工队。选择装修公司时，一定要求公司出具相关施工人员的资格证书，家装工程中从设计师到电工、管道工、焊工、木工等工人以及工程监理、质监员等管理人员都要求具备相关职业资格证书，持证上岗。一个大型的装修工程还需要施工员、预算员、材料采购员、安全员、质监员配合实施。

过度装修

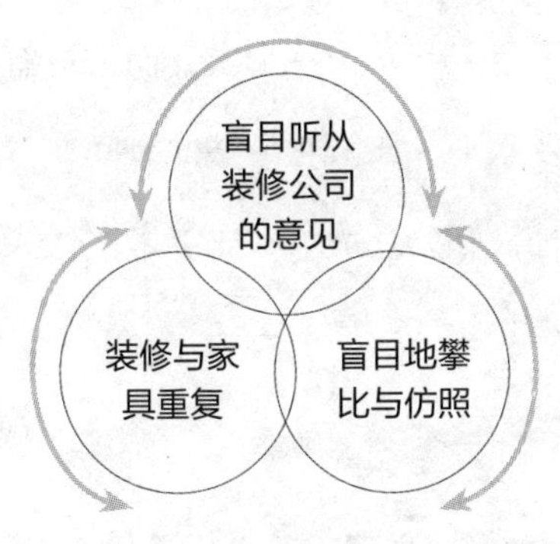

图 4–3　过度装修原因

1 盲目听从装修公司的意见

装修公司以营利为目的，当然是希望多施工、多投入，故在家居装修的方案上，难免偏向于“全面开花”乃至“画蛇添足”。对此，业主应有充分的心理准备，把握“删繁就简”的原则。

2 装修与家具重复

目前，大多数人家的居住面积还不算大，家具一般占总面积的 50% 左右。以房间为例，除双人床、大衣柜外，有的家庭还摆有电视柜、梳妆台、写字台、沙发等家具。这样一来，从墙面到地面，被家具掩盖了许多。因此，对于较小的房间来说，实在没必要在装修上“大动干戈”。

3 盲目地攀比与仿照

有些人看过一些装修实例或装修图集后，便生硬地仿照，而不顾自己的房间是否具备条件。如今大多房屋内部只有 2.7m 高左右，做“吊顶”的装修不是很适宜，虽然吊出的顶很漂亮，但很容易给人带来一种“压抑”感。

水工和电工是同一个人

有的装修公司的水工和电工都是同一个人，而且更有甚者，一人“身兼数职”这样的工人不会有好的专业水平。如果有足够的时间，一定要请一个有专业水平和上岗证的水工、电工，而且最好分开请。专业本来就代表了一种保障，而且水电是隐蔽工程，出了问题会带来很大的麻烦。

预算太低的报价不一定可信

有很多业主在选择装修公司时，只比较预算书上的价格。哪家的报价最低，就让哪家来做。单纯比较价格、选择最低的装饰公司，往往会给业主带来不可弥补的损失。

业主在考察预算书的报价时，一定要把材料的品牌、型号，以及施工的工艺工序都考虑在内，才能得出一个较为客观的评价。

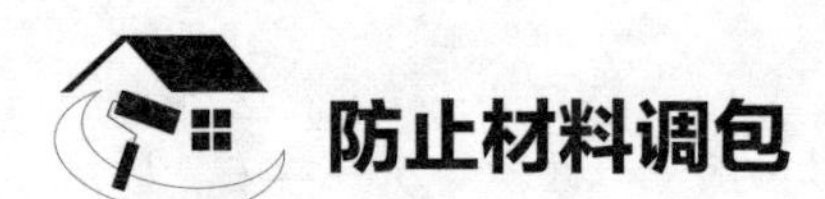

防止材料调包

查看包装	查合同	打电话

图 4–4　防止材料掉包的方法

（1）查看包装：家装公司经常使用的都是各材料的指定品牌，外包装上一般都有防伪标志。

（2）查合同：业主可以检查材料的等级、版本与签合同时是否一致来查验真假。

（3）打电话：在材料的包装封面上，一般都有生产厂家的咨询电话。如果不确定产品是真是假，可以拨打电话进行咨询。如“生产编号为 ××××，生产日期是

××××的产品是否是你们公司生产的？”厂家对产品一般都有存档，可以迅速告知真假。

> 如果装修公司提供的产品包装与市场上卖的产品包装不相同，一般情况下都有专门的特殊标志，如“专供××公司使用”字样。一些大品牌的涂料、漆制品都会有特殊的防伪标志。但为追求利润，一些经营商对于销售伪材料也经常睁一只眼闭一只眼，外行的消费者很难自己鉴别材料的真假。最好选择正规的有信誉的家装公司或者找专业人士鉴别真假，有需要的话还可以将材料送到厂家进行检测。

装修公司提前结中期费

提早要中期款，得注意其动机。刚开工没几天，有的工头会说要进材料，没有钱了，而负责的工头是不会这么做的。

想要避免这种情况，在签合同的时候最好通过钱来限制工头。而且把什么环节、什么标准交什么钱规定好，免得相互间有歧义。

装修公司延误工期

为了让装修能按时完成，建议在签约前，一定要注意以下两点。

（1）装修前和装修公司认真设定时间表，并且在合同中注明。施工图纸是基础，详细的图纸有助于公司做出准确的工期预计和安排。同时应该督促装修公司做出有效的计划表，这样一来，装修过程中就可以有章可循了。

（2）到施工现场去，向工长了解工程进度。通过看现场整理整顿的情形，了解现场管理的情况，了解工长的工作态度。比如，工人是不是吃住在现场？材料的堆放是否整齐？完成部分的成品保护是否做好？如上种种问题所述，业主如果在签施工合同前，能去工地现场实地考察一下，心里大致就有底了。

> 正规装修公司的做法应该是根据业主不同的面积和房屋类型，明确工期，并写在合同中。施工中，施工现场必须张贴工期表，把工事内容、材料进场等日期明确告示，以便于业主随时监督。严格的现场管理，业主可以随时找到相关责任人，工人绝对不在现场住宿，无论何时都能保证一个整洁的现场环境。装修公司的工程部和质检部应随时检查进度，发现问题能及时做出反应。

装修中容易出现的“亏空”

亏空就是预算超支，很多人都有装修超支的经历，装修前把大大小小的预算做了很详细的计算，并且每一项预算都打了很大的超支空间，但最后的费用还是高出一截。仔细算算，一定有一些没注意到的地方，不妨看看以下的例子。

（1）热水器和浴霸：该项超支主要是打孔和加管的钱。现在安装燃气热水器很多都是收费的，而且价格不低。打孔要 60 元，安装时加的管 15 元一根，弯头 30 元。浴霸安装打孔也要收费。

（2）塑钢内窗：本来窗户应该没问题，但要另加隐形纱窗，一延米 80 元。安装的时候才发现根本不是那回事，所谓的隐形纱窗就是在内窗上挂一个纱窗盒，超出内窗足有 7cm，跟业主原来看到的根本不一样。

此外，勾缝剂、晾衣架、门碰等细节在做装修预算时容易被忽略，从而造成了不经意的“装修亏空”。

签订合同前要确定图纸

在签订家装合同前，业主应该主动要求设计师出示水电路改造图纸，并对照图纸严格计算出水电改造中可能发生的数量变化，如一些电源插座改造、开关面板改造、水路改造等，并就此计算出大概的预算，这样就可以避免在装修过程中产生的增项费用。

追加费用

为了避免在装修过程中不断地追加费用，一定要注意以下几点。

（1）确认报价。看报价单里面材料的数量和品牌型号是不是都详细明确。

（2）签合同时确认一下，如果图纸里应有材料或者施工节点在报价中发生了遗漏，事后要追加的话，责任由谁来负责。

（3）可以询问一下在这个公司做过装修的人，通过他们了解公司的情况。

非业主原因(如设计更改)产生的额外费用都由公司承担。

“卷款事件”

近年来，装修款被卷事件常有发生，特别是在年底，因为年底是装修公司和生产商、销售商结算材料款的时候，而且还要支付施工单位的工程款和工人工资，资金周转存在较大压力，这种情况下比较容易发生“卷款事件”。

对此，业主应该精心挑选有资质、信誉好的装修公司。一般来讲，业主可事先对装修公司进行考察，如果此公司有不良记录或投诉记录，就可将其排除在外。

工程总款比合同款多

首先检讨一下自己，是不是抵挡不住工长的软磨硬泡，又增加了很多装修项目？比如在合同外，又多做了个衣柜。是不是很多本来应该装修公司掏钱买的东西，最后变成你自己花钱买了？

看看合同，是不是有重复计算的地方？比如涂料是自己买的，可是预算上还是把涂料钱付给了装修公司。

所有施工项目的面积都自己仔细丈量过了吗？要知道，即使业主在装修前把价格压得很低了，装修公司也有办法在预算中把钱都悄悄加回来，办法就是在工程量上做手脚。

装修时的省与不省

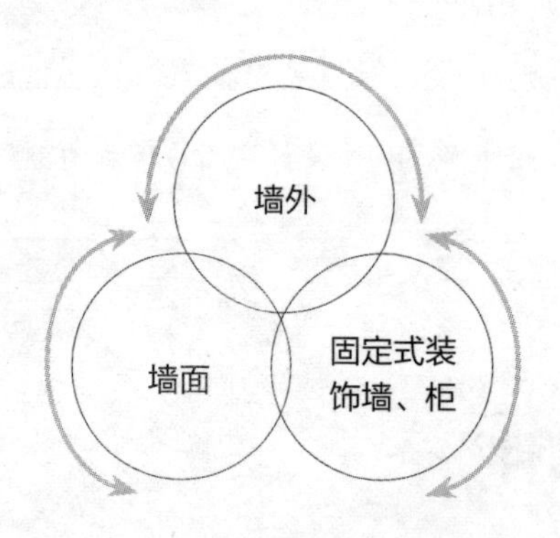

图 4–5　装修时能省的地方

（1）墙外省。为了以后长期居住的安全考虑，墙内隐蔽的水管电线要尽量买优质品牌的，因为这些水管电线封闭之后万一出了问题非常难以维修，而且还会连带损伤到相应的墙面或地面甚至更多。相对讲，墙上的装饰品如挂画、钟、壁灯等不需要过多考虑安全问题，而且将来还会更换，因此就可以买得便宜些。

（2）墙面省。一般来说，在房屋的整个装修中厨房、卫生间花费比例最大，所以也是最需要多花心思精打细算的地方。厨房、卫生间的地面是业主日常经常接触的，所以地面砖必须符合耐磨防滑等性质，高质量的地砖安全性更有保证。而墙面并不是日常生活中所直接接触的地方，且四面墙的花费不菲，因此业主可以根据自己喜好选择花色好看质量过关的产品即可，不需要追求品牌。

（3）固定式装饰墙、柜少做。装饰背景墙、柜虽然能融合整个装修风格，刚入住的时候确实美观，但长期居住觉得厌烦时想更换家中格局或色彩，则会觉得这些更换不了的墙、柜十分累赘。设计师建议：与其花上大量金钱做装饰墙、柜，不如尽量买些活动的装饰构件，轻巧易更换；或为了融合整个装修风格，用简洁的可经常涂刷变换颜色的装饰墙柜，这样既省钱又美观实用。

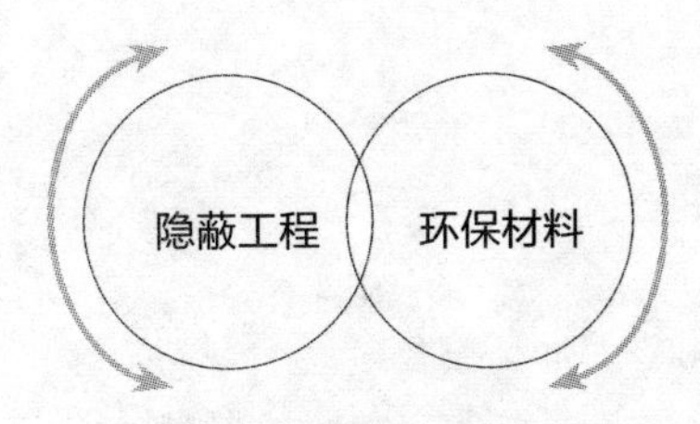

图 4-6　装修时不能省的地方

（1）隐蔽工程。隐蔽工程是指地基、电气管线、供水供热管线等需要覆盖、掩盖的工程。隐蔽工程很重要，多花点钱买最好的材料，否则如果出现质量问题，得重新覆盖和掩盖，会造成返工等，到时损失将更大。

表 4-1　装修重点隐蔽工程项目

1	花在室内电气材料方面的钱不能省。电气线路的安装最易出现安全隐患，而且电气线路一旦隐蔽后不容易进行检修
2	上下水道系统的钱不能省。水管一旦在使用过程中出现问题，往往会带来非常严重的损失，一定不能省
3	门窗和家具的五金配件的钱不能省。门锁一定要开关自由，弹簧弹力要好，否则可造成有门难进门的尴尬局面。抽屉导轨的质量要好，以确保灵活地拉动抽屉。同样道理，拉手的质量不能忽视。家具柜门不要使用合页，应用名牌铰链

续表

4	防水材料的钱不能省。劣质的防水材料不但起不到很好的防水作用，而且还含有大量的有害物质

（2）选择和购买绿色环保的装饰材料。家具装修最大的隐患之一就是装饰材料挥发出来的有害物质，不能为了省钱去购买那些劣质的不环保的材料。

节能装修更省钱

近段时间，各类原材料价格不断上涨，如果采用节能装修的话，可以为日后省下一些开销。

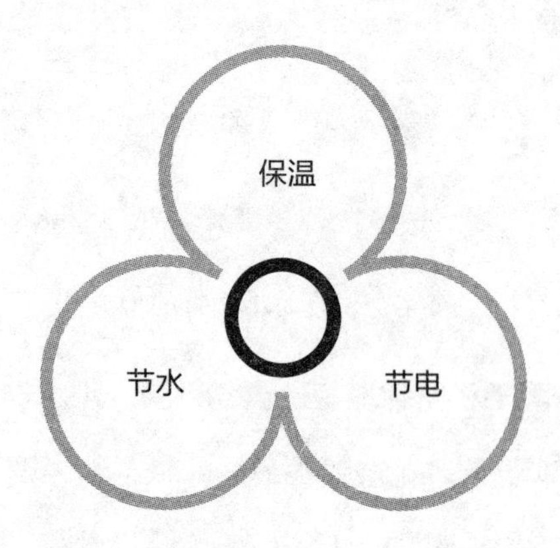

图 4–7 节能装修三个方面

1 保温

如果家原有的外窗是用单玻璃普通窗，可以调换成中空玻璃断桥金属窗，并为西向、东向窗户安装活动外遮阳装置；尽量选择布质厚密、隔热保暖效果好的窗帘；不破坏原有墙面的内保温层；在定制房门时，可要求在门腔内填充玻璃棉或矿棉等防火保温材料，安装密闭效果好的防盗门。

2 节水

安装节水龙头和流量控制阀门，采用节水马桶和节水洗浴器具。传统的观念认为使用淋浴可以节水，但是现在从实践来看，装修时安装新型的用水量少的浴缸并与淋浴配合使用，做到一水多用，将更节水。另外，扳把式水龙头往往难以控制流量从而增加用水量，因此，可以在橱柜和浴柜的水龙头下安装流量控制阀门。

3 节电

除了要选择节能型灯具外，在装修时还可选择使用调光开关。在客厅内，灯具尽量能够单开、单关，尽量不要选择太繁杂的吊灯；可选择安装节能的家用电器；卫生间最好安装感应照明开关。

怎样才能把钱用在“刀刃”上

在装修前，很多人都会根据房子的面积和自己的经济情况估算一下装修的花费，省钱自然也就成为了装修中的重点。那如何把钱用在“刀刃”上呢？

图 4-8　装修费用合理支出

1 量力而行，砍价有度

“省钱”应该是指合理用钱，把钱花在刀刃上，而不是以低质、低效为代价。在装修的重点问题上，不该省的钱是不能省的，该省的一分钱也不应多花，这是现代人的意识。如果一味追求“省钱”，最后得到的可能会是伪劣产品。

无论是设计师还是装饰公司，出于营利的本能，都会在最初的报价上列出一些可要可不要的项目。这时就要擦亮眼睛，删去那些可有可无的项目，以节省开支，但也不是所有东西都能省，在和装修公司谈合同时，事先要心中有数。

> 一般正规装修企业的毛利率占工程总造价的10% ~ 20%左右。有的消费者将工程价格砍得过低，为了保持合理利润，装饰公司就只有在材料费、人工费上“偷工减料”了，最终受害者仍是消费者自己。

2 合理设计，装修到位

合理的设计方案其实是最基本的省钱方法，因为一般来说，设计师会将居室的功能、装饰、用材等都一一标明在施工图上，并可以经过修改，直到业主满意为止，从而避免了在装修过程中边做边看、边做边改所带来的人力、物力、财力浪费，更何况设计不合理，会导致部分室内空间利用不上，那也是一笔巨大的损失。

> 装修前一定要留出足够的时间把设计、用料、询价和预算做到位，前期准备越充分，装修的速度可能越快。住户收到工程图和报价单，一定要仔细阅读，要留意你所要求的装修项目是否已全部提供。

3 用料做工，清楚明白

现在有些装修公司为降低成本，往往在代购材料时选择伪劣产品，以次充好来牟取暴利，所以，对于装修公司提供的图纸和报价单，消费者一定要让装修公司列出能表示出项目的尺寸、做法、用料（包括型号、牌子）、价钱的单子，不能笼统地一说了之，一定要弄清楚，写明白，免得日后发生不必要的纠纷，然后找懂行的人咨询或亲自到市场上去调查，查清楚这些主材是否货真价实。

低费用也可以打造居室的空间感

如果费用有限，一样可以装修出有品位、有质量的家居空间。

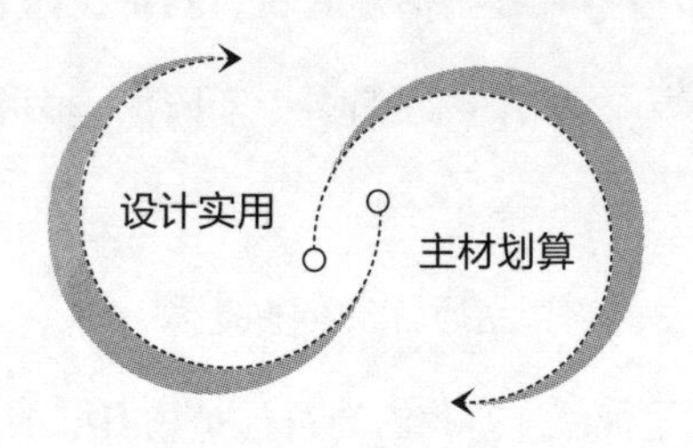

图 4–9 高性价比装修

1 设计上要根据户型走，不必要的设计坚决要砍掉

吊顶、背景墙、木质造型等局部设计适用于 130m² 以上的大户型，中小户型要省钱，最好在设计上就放弃这些部件，改用其他方式体现家装效果。

（1）吊顶用得好的确可以增加室内装修效果和品质，但是，在目前标准楼层普遍偏低的情况下，中小户型如果一味要求吊顶效果，可能会适得其反。

（2）背景墙在营造室内氛围上有很好的效果，但打造一面漂亮的背景墙耗资不小，因此，在设计时可以考虑用不同颜色或材质的墙面、壁纸代替，即便时间久了不喜欢了，更换起来也很方便。

（3）木质造型虽然可以增加室内的格调，但一方面造价偏高，另一方面容易过时，更换成本偏高，放在中小户型里，反而显得累赘。

（4）小户型可加强空间多元化的设计，在增加储物空间、区分功能区域方面多下工夫，争取以装修时的小投入，换取入住后的居住高品质。

2 选购主材时多打小算盘，能替就替，就能省下不少“银子”

尽量使用物美价廉的替代品。比如没有必要全面积铺木地板，可以在客厅、餐厅等区域铺亚光瓷砖，不会显得室内清冷，效果也很不错；在卧室、书房等区域，可以用复合木地板，虽然舒适性和环保性不如实木地板，但价格却省了很多。

（1）卫浴的洁具众多的品牌更让人头晕，但也给业主带来不少好处——品牌多，市场竞争激烈，商家就不得不时推出促销政策，打折、赠送、套餐……消费者需要做的事情就是勤逛建材市场，瞅准了促销时机就下手，很可能以 1/2 甚至 1/3 的价格买到自己心仪的产品。

（2）橱柜是装修大头，一套品质优异的橱柜做出来，好几万就花出去了，摆在开放式的超大厨房里，真是气派。但我们的目标是用有限的钱办更多的事情，而且，目前中国的厨房设计普遍偏小，又基本都是封闭式的，豪华的高端产品真不太适应这种环境。因此，选择好了优质的门板和台面，看准中端产品入手，就足够了。

装修费用如何分配比较省

图 4-10　合理分配装修费用

1 基础装修需要谨慎

一般的水电改造多为了达到设计效果而进行，但实际上，毛坯房交房时，房屋的水电已基本达到满足使用的需求。在省钱的前提下，水电基本不需改动，而且开关面板等也不需购买。

如果房间不是很规则，需要有所改变，又如要装热水器等原因，需要增加水路管道等，那就必须画清电源线和水管铺设的路线图。倘若几年后要重新装修，有了这个图，就可以在日后的改造中不伤电源线和水管。

确定改动水电线路后，要选择好的材料。如果电线、水管质量不达标，会给日后的生活带来极大的安全隐患，即使是工薪家庭，在购买电线和水管时也不要擅自降低标准。另外现代家庭的电器很多，功率也很大，电源插座的品质非常重要，要尽量买质量好、用料充足的。

2 考虑选择促销套餐

（1）地砖一般是一项大开支，可伸缩性也很大。价格高的品牌地砖几百元一块，非品牌砖有的十几元就能买到。由于卫间浴湿度大，加上地砖是易磨损件，如果质量太差，在干湿交替的环境下，很容易造成釉面开裂或被脚踏出痕迹来，造成意外伤害。因此，从质量和价格双重考虑，可以选择促销期间的品牌砖。

（2）目前市场上普通坐便器、洗面台的价格均在千元左右，龙头价格便宜些，每样单买价格略贵，所以可以选择一些品牌产品推出的促销套餐，虽然选择余地小一些，但价格可降低不少，既实惠又有了质量保证。

（3）门和橱柜在主材选购中也占了很大的分量。现场制作比较省钱，但漆膜光洁度、美观度不如定制的橱柜和门，而且板材选购、现场制作造成的垃圾、噪声、环保、需耗费的时间成本等都是问题。

就门而言，可选择目前市面上销售的实木复合门，实木复合门的四边是纯实木填充，中间用实木龙骨填充，表面是实木木皮等，价格适中，如果处在促销期，就更合算了。至于免漆门之类，多是板材简单压制而成，价格虽低但防潮性能不好，长期使用会变形；纯实木门由纯实木制作，价格太贵。

3 装饰设计尽显个性

虽然选购的材料并不昂贵，装修也很简单，但不代表房屋不具时尚个性的气息，这需要充分运用色彩和线条上的设计来表现。

（1）色彩与色彩之间不同色块的搭配比例，可为空间带来不同的韵律感。而极具几何感的形状和生动的线条相互搭配、融合，可以呈现出简约、细腻而富有张力的空间美感。

（2）不妨利用不同材质的搭配来强调出不同的空间块面，让空间更有层次，也可以利用线条的高低长短来制造出有落差的空间“姿态”。譬如用门、窗、柜等功能必需品来打破空间立面的单调，既实用又讨巧。再如用书架上的遮挡面板与小的格子以及书与书之间的线条，配合上玻璃拉门，则使得空间充满趣味。

（3）在空间中，几何形与线搭配色彩的表现方式也可以很多，如用几种不同颜色不同材料铺建成几何图案的地面；用曲线构成的鲜艳地毯与顶面板弧线造型搭配；将墙面涂抹成大块大块鲜艳的红色方块；买一块有着几何规则形状的移动屏风等，都可以令空间瞬间充满浓厚的戏剧意味，而且互动性与私密性都可以得到保证。

如何应对建材城商家的打折宣传

如今，各大卖场纷纷推出打折活动，面对五花八门的打折宣传，业主应更加理性选购。四种优惠方式如下。

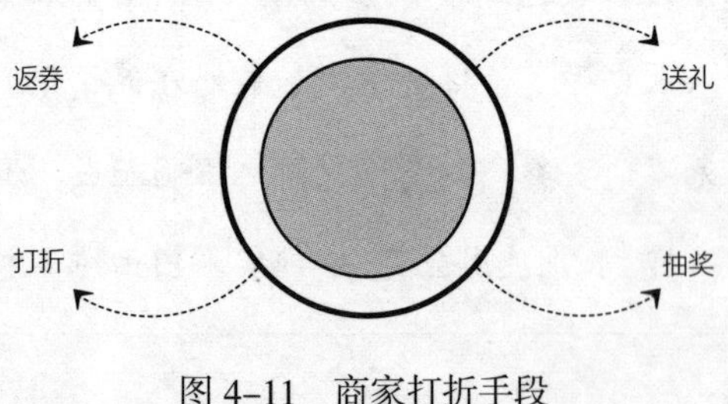

图 4-11　商家打折手段

形式1：返券　返券谨防“虚情假意”。返券是目前最受争议的优惠活动。家居装饰界一些“跨行业”的返券节目还是能够吸引颇多消费者的。比如某装修公司曾赠送家具的购物券，还有的装修公司与建材超市联合赠送购物券，不少业主因为这一条选择了装修公司。

> 提醒：享受返券时须关注主要消费目标是否能满足实现目的，其次再考虑优惠。比如选择装修公司的实力和资质是最重要的。

形式2：打折　打折不可“雾里看花”。直接打折比返券省事，又比抽奖实在。但有的是商家打折，有的是卖场为了吸引客流量进行打折，业主必须仔细分析其中真正实惠程度。

> 提醒：购买打折建材一定要保留好发票，因为打折商品仍然须有质量保证，出现问题可以投诉，商场应承担相应责任。

形式3：送礼　白送也须索取凭证。赠送礼物建材城搞得比较多，如果业主购买的量大，赠送的礼品额度也不低。比如买床送床头柜，买瓷砖赠送灯具等的。

> 提醒：对于商家赠送的商品，业主应该要求其在购物凭证上写清赠送的商品名称、型号和件数，商家一样要承担质量责任。

形式4：抽奖　勿为抽奖冲动消费。抽奖是建材城搞得最多又让业主觉得最没谱的优惠，得到大奖的当然是少数。业主一定要选择综合性的正规商城，该商城的品牌要兼有高中低档，这样有利于业主好钢使在刀刃上。

提醒：抽奖心态一定要好，确认自己购买的是必需品，千万别为了抽奖冲动消费。

材料砍价法宝

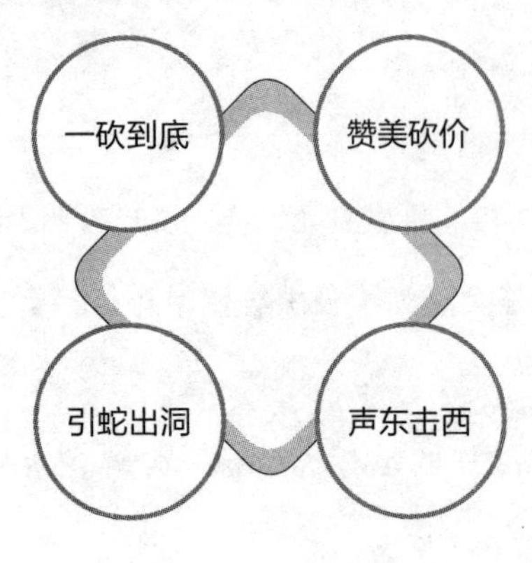

图 4–12　砍价四招

1 一砍到底法

经销商报出价格后，尽量狠砍一刀，尽量说出自己都不太相信能成功的价格，如果经销商大呼自己没钱赚，不妨把价格稍微抬一点，然后诚恳地说："你看，我都让步了，你也是爽快的人，咱们一人让一步，这个价位就成交吧！"相信有了这样的说法，对方会慎重考虑的。

2 赞美砍价法

看中一款建材后，先不要忙着砍价，先对店主或产品进行赞美和恭维，当经销商被你恭维得心花怒放时，就可以砍价了。在一般情况下，经销商都能把价格降一些。

3 引蛇出洞砍价法

当看中一款建材产品时，先不要忙着砍价，而是询问对方有没有另外一个同类产品，而且要确认对方确实没有，一般情况下，对方都会把你当成潜在客户，向你推荐你所看重的产品，为了把货物卖给你，他们都会主动列出价格优势来吸引你的注意。

4 声东击西砍价法

看中一件价格适中的货物，先不要讨价，而是先表现出对另外一件价格较高的产品感兴趣，并与销售人员商谈，价格谈得差不多时开始询问你想要购买的产品，一般情况下，经销商都会报出一个很低的价位，以体现你想要购买的产品的最低价格，此时，如果你感觉对方报出的价格合理，便可以当即表示购买，或者再砍砍价，然后当即买下。

适合团购的材料

1 瓷砖、地板类

瓷砖、地板类的品种较为统一、用量大，使瓷砖和地板成为团购的重头戏，也是最容易见效益的项目。某些大品牌甚至还专门成立了团购销售部，提供深入小区的特别服务。

2 厨、浴设施

很多人装修完算账，发现最大的花销居然是在厨房和卫浴。的确，几万元的按摩浴缸、几千元的坐便器、几千元/延米的橱柜，这些也就罢了，居然水龙头也要以千来计价，不团购，很容易超支。

3 如何避免团购陷阱

团购诱惑如此之大，自然也有不良商家打着团购的幌子来招摇撞骗，不妨参考以下的团购基本守则，省钱又省心。

表 4-2　团购基本守则

守则 1	不管是通过何种渠道团购，对购买的最终商品要有足够了解。要选择信誉度高、售后服务可靠的商家，而且尽可能要求通过正规渠道提货
守则 2	购买大件商品要求当场签订合同书，明确双方责、权、利，以免对方有理由不履行口头承诺
守则 3	选择本土、现场式的团购，避免邮购、代购等容易出现误差的方式

只装修不装饰

很多人认为，既然花了那么多的钱去装修，就没有必要再去做什么饰品布置，否则既浪费钱财，又掩盖了装修好的地方，破坏了装修的优美、简朴的整体效果，其实不然。

简朴优美的装饰品，是家装不可缺少的，它起着一种绝妙的室内装饰作用，在布置美化室内时，也只有它才可能起到画龙点睛的作用。

地饰、壁饰、桌饰、床饰和窗饰是室内装饰的主要构成，在这些硬件装置之后，巧手安排室内软装饰，会使家庭氛显得更加温馨舒适。一般而言，多种纤维织物和竹草编织的窗帘、挂帘既实用又富有装饰性；灯具造型千姿百态，不论台灯、吊灯，还是壁灯，只要色彩和光源同墙面颜色保持协调，就会使居室更加雅致；案头小摆设以及室内陈设装饰品时，只要做到实用价值与观赏意义相结合，就能达到既经济又美观的效果，既保持了居室的简朴风格，又协调了室内各种物件关系，让居室环境更优美。

当然，饰品点缀并非越多越好。把风格迥异、材料不同的东西放在一起，能有成千上万次的排列组合，的确非常考量每个主人的审美和耐心。搭配得好，可以屋随心动。

饰品的使用更要遵循精当的原则。多，未必累赘；少，未必得当。虽然整体面积不是很大，材质也需要拟定 1 ~ 2 种色彩、质地和花纹，比如使用壁纸，那么窗帘、沙发、床品都需要考虑搭配。除非用来专门展示，否则摆件还是和主色调配合比较保险。

装修时应重点注意的节能方面

表 4-3　节能装修

防寒保暖隔热方面	
1	如果有外窗是用单玻璃普通窗，可以改换成中空玻璃断桥金属窗
2	为西向、东向窗户安装活动外遮阳装置
3	尽量选择布质厚密度隔热保暖效果好的窗帘
4	不包暖气罩或者不在暖气上面打家具
5	不破坏原有墙面的内保温层
6	阳台改造与内室连通要在阳台墙面顶面加装保温层
7	安装密闭保温效果好的防盗门
8	在外门窗口加装密封条
节水方面	
1	选择双控节水坐便器

续表

2	可在卫浴安装男用小便器
3	厨房台面安装双台盆
4	安装节水龙头
5	在厨房和浴柜的水龙头下面安装流量控制阀门
6	尽量缩短热水器与出水口的距离
7	热水管道要进行保温处理
8	有条件的可安装浴缸以与淋浴配合使用
	节电方面
1	选择节能灯具和可以安装节能灯的灯具
2	卫浴安装感应照明开关
3	尽量不要选择太繁杂的吊灯
4	灯具尽量能够单开单关
5	合理设计墙面插座，尽量减少连线插座
6	选择安装节能家具电器
7	不宜频繁插拔的插座应选择有控制开关的插座
8	有条件的应利用太阳能热水器

家庭装修的安全原则

居室装修安全往往被人们所忽视，其实由错误的装修方式所引发的事故不在少数。一般说来，在装修工程中应该注意以下几点。

（1）家装中需注意楼房地面不要全部铺装大理石。大理石比地板砖和木地板的重量要高出几十倍，如果地面全部铺装大理石就有可能使楼板不堪重负。特别是二层以上，因为未经房屋安全鉴定站鉴定的房屋装饰，其地面装饰材料的重量不得超过 $40kg/m^2$。

（2）进行居室装修，不得随意在承重墙上穿洞、拆除连接阳台和门窗的墙体以及扩大原有门窗尺寸或者另建门窗，这种做法会造成楼房局部裂缝和严重影响抗震能力，从而缩短楼房使用寿命。

（3）阳台、卫浴的装修应尽量选用荷载小的材料，因为阳台过度超载会发生倾覆。

（4）卫浴防水也是装修中一个关键环节。一般的做法是，在装修卫浴前，先堵住地漏，放5cm以上的水，进行淋水试验，如果漏水，必须重做防水；如果不漏的话，也要在施工中小心铺设地面，不要破坏防水层和擅自改动上下水及暖气系统。

（5）在居室装修中为了追求豪华，在四壁上贴满板材，吊顶镶上两三层立体吊顶，这种装修做法不可取。因为四壁贴满板材，占据空间较大，会缩小整个空间的面积，费用也花费较高，同时不利于防火。吊顶过低会使整个房间产生压抑感。

（6）选择电线时要用铜线，忌用铝线。由于铝线的导电性能差，使用中电线容易发热、接头松动甚至引发火灾。另外在施工中还应注意不能直接在墙壁上挖槽埋电线，应采用正规的套管安装，以避免漏电和引发火灾。

（7）在施工中要注意避免在混凝土圆孔板上凿洞、打眼、吊挂顶棚以及安装艺术照明灯具。

（8）室内装饰要保证燃气管道和设备的安全要求，不要擅自拆改管线，以免影响系统的正常运行。另外要注意电力管线及设备与燃气管线水平净距不得小于10cm，电线与燃气管交叉净距不少于3cm。

（9）厨房装修中不要把燃气灶放置在木制地柜上，更不能将燃气总阀门包在木制地柜中。一旦地柜着火，燃气总阀在火中就难以关闭，其后果将不堪设想。

装修节能的重要环节

在大力提倡节约型社会的今天，作为居民大宗的消费，家庭装修中如何贯彻节能的理念呢？要在家庭装修中体现节能的理念，就要从家装的源头——设计着手，要求设计师从设计开始，把节能的思路贯彻进去，进行全盘的考虑。

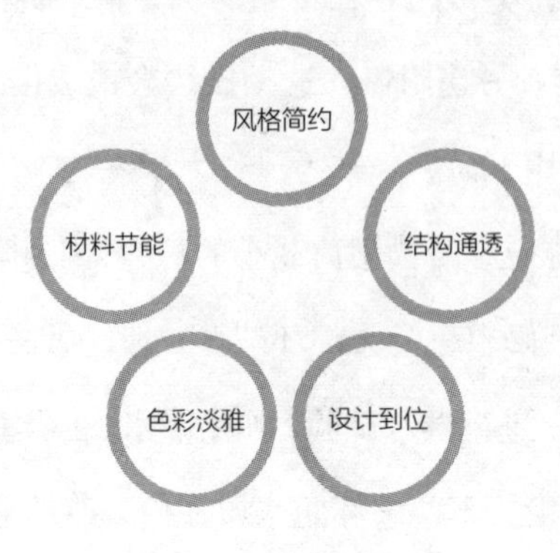

图 4–13　装修节能设计

1 风格简约

现在一些设计师习惯把业主的居室设计得很复杂很豪华，用各种材料把每一个空间都堆满。实际上“满做”并不等于豪华，吊顶、墙饰等过于繁杂的设计，既让居室显得压抑沉闷，也浪费材料。纵观国内外装饰行业，简约才是家庭装修的主旋律。

当然，简约并不是简单，它要求设计师要有专业的设计技能，熟练地运用设计技巧和装修材料，来提升业主居室的装修品位，营造良好的居家氛围，同时最大限度地减少材料的浪费。

2 结构通透

通透的空间不仅能给人以宽敞、轻松的感觉，也能保持通风和空气的流通，减少能源的浪费。因此，设计师在设计时应尽量保持原有的南北通透的结构，千万不要人为改变，即使不是直接的南北通透，也要保留间接的通风通道，从空间结构上最大限度地保持通风和空气的流通。例如闽南地区的房屋就要从当地气候特点出发，基本上是南北通透的，很多时候即使不用空调、电风扇，也能在夏季保持通风和凉爽。

3 设计到位

好的方案要靠灯光来营造效果氛围，但是好的设计师会注重平时生活的动、静，安排设计方案。

动——客人来访及会餐时要把大多数光源打开。

静——看电视或聊天时，在沙发顶上或背后设计几盏装饰性很强的造型灯（用节能灯），此时打开，自然就有另一种“静”的氛围。

4 色彩淡雅

一些设计师喜欢用变化强烈的色彩张扬个性，为业主营造个性的空间，使用大红、绿色、紫色等深色系涂料。事实上，深色系涂料比较吸热，大面积使用在墙面中，白天吸收大量的热能，如果使用空调会增加居室的能量消耗，因而不宜大面积使用。

需要突出个性，不妨通过木材、铝塑板、浅色涂料等比较反光的材料来替代，只要设计到位，同样能达到效果。

5 材料节能

可以使用轻钢龙骨、石膏板等轻质隔墙材料、塑钢门窗、节能灯等节能材料，尽量少用黏土实心砖、射灯、铝合金门窗等。

巧选节能电器

选择节能的家电无疑是最根本的节电方法。不过，在选购节能家电时，一定要小心消费陷阱。许多厂家会避重就轻，宣传诸多节能技术、节能理由，但是并不说节能的效果，试图以夸大节能技术来迷惑消费者。因此，在购买节能家电时，不能光以厂家宣传为参考。最直接有效的方式，就是看看家电的能效标识上公示的信息。

不是买了节能家电，以后不管怎么使用都能省电节能了，也要多加注意日常的使用方法，这样才能双管齐下，一起节能。比如在选购空调时要考虑最适合房间大小的匹数，1 匹空调适合 $12m^2$，1.5 匹空调适合 $18m^2$，2 匹适合 $28m^2$，2.5 匹适合 $40m^2$；安置冰箱时，它的背面与墙之间都要留出空隙，这比紧贴墙面每天可以节能 20%。对于洗衣机与电视机等电器来说，选购时看准能效标识信息即可，其他多是在日常的使用中采取更为节能的使用方式。

第五部分 装修报价参考明细

一居室的三档预算报价

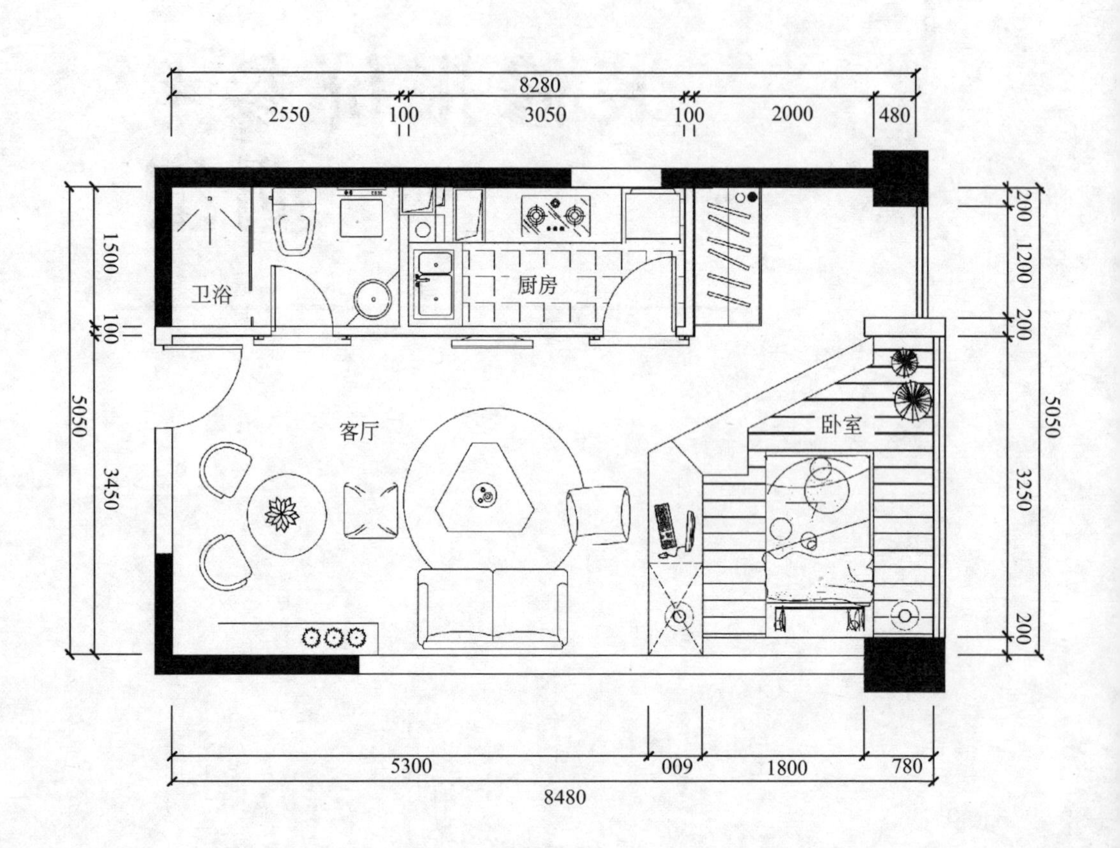

平面图

预算表1（经济）

编号	项目名称	单位	数量	单价	合计	材料备注
一	客厅				12034.94	
	顶、墙面乳胶漆（立邦五合一）	m^2	55	55	3025	（1）满刮腻子三遍，打磨平整。（2）涂刷单色乳胶漆三遍，每遍打磨一次。（3）每增加一色增加调色5元/m^2。（4）特殊地方工具不能刷到的以刷白为准
	吊顶	m^2	20	105	2100	石膏板、30mm×40mm木方吊顶
	地面找平	m^2	23	29	667	华新32.5号水泥/中粗砂、人工费用
	强化复合木地板	m^2	23	85	1955	复合木地板，包含人工费
	踢脚线	m	18.63	18	335.34	成品踢脚线及辅料，包含安装费用
	单面门套	m	4.8	125	600	订制成品复合门套
	电视柜	m	2.2	458	1007.6	细木工板框架，澳松板饰面，面层喷白色混油，柜体内贴玻音软片
	装饰柜	m	2.5	458	1145	细木工板框架，五夹板做背板。饰面板饰面，面层清漆施工。二底二面手刷工艺。不含五金件
	电视背景墙	项	1	1200	1200	木龙骨做框架，石膏板基层，面层喷涂乳胶漆
二	卧室				10836.79	
	顶、墙面乳胶漆（立邦五合一）	m^2	28	55	1540	（1）满刮腻子三遍，打磨平整。（2）涂刷单色乳胶漆三遍，每遍打磨一次。（3）每增加一色增加调色5元/m^2。（4）特殊地方工具不能刷到的以刷白为准
	地面找平	m^2	10	29	290	华新32.5号水泥/中粗砂、人工费用
	地台基层	m^2	10	150	1500	细木工板基层
	踢脚线	m	5.78	18	104.04	成品踢脚线及辅料，包含安装费用
	强化复合木地板	m^2	10	85	3827	强化复合木地板，包含人工费
	窗套	m	6.75	155	1046.25	成品实木复合烤漆窗套
	窗台台面	m	3.25	350	1137.5	大理石台面
	衣柜	m^2	2.4	580	1392	细木工板框架，五夹板做背板。饰面板饰面，面层清漆施工。二底二面手刷工艺。不含五金件
三	卫浴间				8206	
	防水处理	m^2	3.9	55	214.5	（1）如客户取消此项，则厨卫漏水及造成的一切损失与公司无关。（2）按防水施工要求清理基层并找平。（3）GSA-100高强防水涂料二遍，涂刷均匀，按展开面积计算（防水层沿墙面向上抬高0.3m）。（4）做闭水必须达到48小时以上
	地砖	m^2	3.9	125	487.5	（1）人工、水泥、砂浆。（2）300mm× 300mm砖。（3）拼花、小砖及马赛克则按68元/m^2计算。（4）尺寸范围以最长边计算
	墙砖	m^2	20	135	2700	（1）人工、水泥、砂浆。（2）200mm×300mm砖。（3）拼花、小砖及马赛克则按68元/m^2计算。（4）尺寸范围以最长边计算
	铝扣板吊顶	m^2	3.9	260	1014	轻钢龙骨框架，集成铝扣板
	门加门套	套	1	1280	1280	订制成品复合实木门
	门锁加门吸	套	1	350	350	成品门吸及门锁
	推拉门	m^2	3.6	600	2160	铝合金框架，镶嵌磨砂玻璃

续表

编号	项目名称	单位	数量	单价	合计	材料备注
四	厨房				12027	
	地砖	m^2	4.6	125	575	（1）人工、水泥、砂浆。（2）300mm×300mm砖。（3）拼花、小砖及马赛克则按68元/m^2计算。（4）尺寸范围以最长边计算
	墙砖	m^2	23	125	2875	（1）人工、水泥、砂浆。（2）200mm×300mm砖。（3）拼花、小砖及马赛克则按68元/m^2计算。（4）尺寸范围以最长边计算
	铝扣板吊顶	m^2	4.6	260	1196	轻钢龙骨框架，集成铝扣板
	门加门套	套	1	1280	1280	订制成品复合实木门
	门锁加门吸	套	1	350	350	成品门吸及门锁
	橱柜	m	4	1350	5400	成品地柜加吊柜
	包管道	m	2.7	130	351	复合柜板
五	其他				7038	
	电人工	m^2	42	18	756	电路敷设人工，含开槽、分槽、布线管，不含灯具、插座安装
	电辅料	m^2	42	6	252	伟星线管及管件
	电主材	m^2	42	35	1470	红旗双益4m^2、2.5m^2、1.5m^2多股铜芯线。秋叶原网线、闭路线。联塑线管及管件。不含强弱电底盒及面板
	水（一卫一厨）	项	1	2400	2400	含冷热水管、管件。不负责移改暖气，天然气，不含煤气、监控等特种安装和下水改造。工程验收后，如发生渗漏水现象，只负责维修，不负责其他赔偿。不含穿墙打孔。负责维修，由于装修质量造成的要承担赔偿
	下水改造	项	1	260	260	PVC管材及人工
	垃圾清运费	项	1	700	700	（1）三楼以上每层加50元。（2）装修垃圾负责从楼上运到小区指定地点，不包含垃圾外运费用。（3）如小区内电梯可将材料直接运至所需楼层，按六层计算，电梯使用费由甲方（业主）承担
	材料搬运费	项	1	1200	1200	（1）不含甲供材料搬运。（2）如小区内不能使用电梯，按实际楼层计算。（3）如小区内电梯可将材料直接运至所需楼层，使用电梯使用费由甲方承担
六	工程总造价				50142.73	

七、工程补充说明

（1）此报价不含物业管理处所收任何费用（各种物业押金、质保金等），此项费用由业主自行承担，如因违规施工而造成的违章处罚由公司负责。

（2）此报价不含税金，此项费用由业主自行承担。

（3）施工中如有增加或减少项目，按照增减项目及数量的变更单据实结算。增项增管理费，减项不减管理费。

预算表2（舒适）

编号	项目名称	单位	数量	单价	合计	材 料 备 注
一	客厅				18215.75	
	顶、墙面乳胶漆（立邦五合一）	m^2	32.4	55	1782	（1）满刮腻子三遍，打磨平整。（2）涂刷单色乳胶漆三遍，每遍打磨一次。（3）每增加一色增加调色5元/m^2。（4）特殊地方工具不能刷到的以刷白为准
	吊顶	m^2	20	156	3120	石膏板、30mm×40mm木方吊顶
	地面找平	m^2	23	29	667	华新32.5号水泥/中粗砂、人工费用
	实木复合木地板	m^2	23	198	4554	实木复合木地板，包含人工费
	踢脚线	m	18.63	25	465.75	成品踢脚线及辅料，包含安装费用
	单面门套	m	4.8	290	1392	成品实木门套
	电视柜	m	2.2	550	1210	细木工板框架，澳松板饰面，面层喷白色混油，柜体内贴玻音软片
	装饰柜	m	2.5	458	1145	细木工板框架，五夹板做背板。饰面板饰面，面层清漆施工，二底二面手刷工艺。不含五金件
	电视背景墙	项	1	2680	2680	木龙骨做框架，石膏板基层，面层一部分喷涂乳胶漆，一部分水泥板
	沙发背景墙	项	1	1200	1200	墙面干挂水泥板
二	卧室				12430.59	
	顶、墙面乳胶漆（立邦五合一）	m^2	22	55	1210	（1）满刮腻子三遍，打磨平整。（2）涂刷单色乳胶漆三遍，每遍打磨一次。（3）每增加一色增加调色5元/m^2。（4）特殊地方工具不能刷到的以刷白为准
	吊顶	m^2	10.3	156	1606.8	石膏板、30mm×40mm木方吊顶。
	地面找平	m^2	10	29	290	华新32.5号水泥/中粗砂、人工费用
	地台基层	m^2	10	150	1500	细木工板基层
	踢脚线	m	5.78	18	104.04	成品踢脚线及辅料，包含安装费用
	实木复合木地板	m^2	10	198	1980	实木复合木地板，包含人工费
	窗套	m	6.75	155	1046.25	成品实木复合烤漆窗套

续表

编号	项目名称	单位	数量	单价	合计	材料备注
二	窗台台面	m	3.25	350	1137.5	大理石台面
	床头背景墙	项	1	1900	1900	木龙骨做框架，石膏板基层，面层喷涂乳胶漆
	衣柜	m^2	2.4	690	1656	细木工板框架，五夹板做背板，澳松板饰面，面层喷白色混油，柜体内贴饰面板饰面，面层清漆施工，二底二面手刷工艺。不含五金件
三	卫浴间				9866	
	防水处理	m^2	3.9	55	214.5	（1）如客户取消此项，则厨卫漏水及造成的一切损失与公司无关。（2）按防水施工要求清理基层并找平。（3）GSA-100高强防水涂料二遍，涂刷均匀，按展开面积计算（防水层沿墙面向上抬高0.3m）。（4）做闭水必须达到48小时以上
	地砖	m^2	3.9	165	643.5	（1）人工、水泥、砂浆。（2）300mm×300mm砖。（3）拼花、小砖及马赛克则按68元/m^2计算。（4）尺寸范围以最长边计算
	墙砖	m^2	20	175	3500	（1）人工、水泥、砂浆。（2）200mm×300mm砖。（3）拼花、小砖及马赛克则按68元/m^2计算。（4）尺寸范围以最长边计算
	铝扣板吊顶	m^2	3.9	320	1248	轻钢龙骨框架，集成铝扣板
	门加门套	套	1	1650	1650	订制成品复合实木门
	门锁加门吸	套	1	450	450	成品门吸及门锁
	推拉门	m^2	3.6	600	2160	铝合金框架，镶嵌磨砂玻璃
四	厨房				15349	
	地砖	m^2	4.6	185	851	（1）人工、水泥、砂浆。（2）300mm×300mm砖。（3）拼花、小砖及马赛克则按68元/m^2计算。（4）尺寸范围以最长边计算
	墙砖	m^2	23	185	4255	（1）人工、水泥、砂浆。（2）200mm×300mm砖。（2）拼花、小砖及马赛克则按68元/m^2计算。（4）尺寸范围以最长边计算
	铝扣板吊顶	m^2	4.6	320	1472	轻钢龙骨框架，集成铝扣板
	门加门套	套	1	1650	1650	订制成品复合实木门

续表

编号	项目名称	单位	数量	单价	合计	材料备注
四	门锁加门吸	套	1	450	450	成品门吸及门锁
	橱柜	m	4	1580	6320	成品地柜加吊柜
	包管道	m	2.7	130	351	复合柜板
五	其他				7038	
	电人工	m^2	42	18	756	电路敷设人工，含开槽、分槽、布线管，不含灯具、插座安装
	电辅料	m^2	42	6	252	伟星线管及管件
	电主材	m^2	42	35	1470	红旗双益4m^2、2.5m^2、1.5m^2多股铜芯线。秋叶原网线、闭路线。联塑线管及管件。不含强弱电底盒及面板
	水（一卫一厨）	项	1	2400	2400	含冷热水管、管件。不负责移改暖气，天然气，不含煤气、监控等特种安装和下水改造。工程验收后，如发生渗漏水现象，只负责维修，不负责其他赔偿。不含穿墙打孔。负责维修，由于装修质量造成的要承担赔偿
	下水改造	项	1	260	260	PVC管材及人工
	垃圾清运费	项	1	700	700	（1）三楼以上每层加50元。（2）装修垃圾负责从楼上运到小区指定地点，不包含垃圾外运费用。（3）如小区内电梯可将材料直接运至所需楼层，按六层计算，电梯使用费由甲方（业主）承担
	材料搬运费	项	1	1200	1200	（1）不含甲供材料搬运；（2）如小区内不能使用电梯，按实际楼层计算；（3）如小区内电梯可将材料直接运至所需楼层，使用电梯使用费由甲方承担
六	工程总造价				62899.34	

七、工程补充说明

（1）此报价不含物业管理处所收任何费用（各种物业押金、质保金等），此项费用由业主自行承担，如因违规施工而造成的违章处罚由公司负责。

（2）此报价不含税金，此项费用由业主自行承担。

（3）施工中如有增加或减少项目，按照增减项目及数量的变更单据实结算。增项增管理费，减项不减管理费。

预算表3（高档）

编号	项目名称	单位	数量	单价	合计	材料备注
一	客厅				23773.16	
	顶、墙面乳胶漆（立邦五合一）	m^2	32.4	75	2430	（1）满刮腻子三遍，打磨平整。（2）涂刷单色乳胶漆三遍，每遍打磨一次。（3）每增加一色增加调色5元/m^2。（4）特殊地方工具不能刷到的以刷白为准
	吊顶	m^2	20	210	4200	石膏板、30mm×40mm木方吊顶，迭级造型
	地面找平	m^2	23	29	667	华新32.5号水泥/中粗砂、人工费用
	实木地板	m^2	23	280	6440	实木复合木地板，包含人工费
	踢脚线	m	18.63	32	596.16	成品踢脚线及辅料，包含安装费用
	单面门套	m	4.8	320	1536	订制成品实木门套
	电视柜	m	2.2	620	1364	细木工板框架，澳松板饰面，面层喷白色混油及粘贴烤漆玻璃，柜体内贴玻音软片
	装饰柜	m	2.5	580	1450	细木工板框架，五夹板做背板。面层粘贴饰面板及烤漆玻璃，面层清漆施工。二底二面手刷工艺。不含五金件
	电视背景墙	项	1	3890	3890	木龙骨做框架，石膏板基层，面层干挂石材及烤漆玻璃
	沙发背景墙	项	1	1200	1200	石膏板造型乳胶漆饰面
二	卧室				14877.71	
	顶、墙面乳胶漆（立邦五合一）	m^2	22	75	1650	（1）满刮腻子三遍，打磨平整。（2）涂刷单色乳胶漆三遍，每遍打磨一次。（3）每增加一色增加调色5元/m^2。（4）特殊地方工具不能刷到的以刷白为准
	吊顶	m^2	10.3	210	2163	石膏板、30mm×40mm木方吊顶，迭级造型
	地面找平	m^2	10	29	290	华新32.5号水泥/中粗砂、人工费用
	地台基层	m^2	10	150	1500	细木工板基层
	踢脚线	m	5.78	32	184.96	成品踢脚线及辅料，包含安装费用
	实木地板	m^2	10	280	2800	实木复合木地板，包含人工费
	窗套	m	6.75	155	1046.25	成品实木复合烤漆窗套

续表

编号	项目名称	单位	数量	单价	合计	材料备注
二	窗台台面	m	3.25	350	1137.5	大理石台面
	床头背景墙	项	1	2450	2450	木龙骨做框架，石膏板基层，面层喷涂乳胶漆及粘贴烤漆玻璃
	衣柜	m^2	2.4	690	1656	细木工板框架，五夹板做背板，澳松板饰面，面层喷白色混油，柜体内贴饰面板饰面，面层清漆施工。二底二面手刷工艺。不含五金件
三	卫浴间				11175.7	
	防水处理	m^2	3.9	55	214.5	（1）如客户取消此项，则厨卫漏水及造成的一切损失与公司无关。（2）按防水施工要求清理基层并找平。（3）GSA-100高强防水涂料二遍，涂刷均匀，按展开面积计算（防水层沿墙面向上抬高0.3m）。（4）做闭水必须达到48小时以上
	地砖	m^2	3.9	198	772.2	（1）人工、水泥、砂浆。（2）300mm×300mm砖。（3）拼花、小砖及马赛克则按68元/m^2计算。（4）尺寸范围以最长边计算
	墙砖	m^2	20	185	3700	（1）人工、水泥、砂浆。（2）200mm×300mm砖。（3）拼花、小砖及马赛克则按68元/m^2计算。（4）尺寸范围以最长边计算
	铝扣板吊顶	m^2	3.9	410	1599	轻钢龙骨框架，集成铝扣板
	门加门套	套	1	2150	2150	订制成品复合实木门
	门锁加门吸	套	1	580	580	成品门吸及门锁
	推拉门	m^2	3.6	600	2160	铝合金框架，镶嵌磨砂玻璃
四	厨房				19652.8	
	地砖	m^2	4.6	198	910.8	（1）人工、水泥、砂浆。（2）300mm×300mm砖。（3）拼花、小砖及马赛克则按68元/m^2计算。（4）尺寸范围以最长边计算
	墙砖	m^2	23	185	4255	（1）人工、水泥、砂浆。（2）200mm×300mm砖。（3）拼花、小砖及马赛克则按68元/m^2计算。（4）尺寸范围以最长边计算
	铝扣板吊顶	m^2	4.6	410	1886	轻钢龙骨框架，集成铝扣板
	门加门套	套	1	2150	2150	订制成品复合实木门

续表

编号	项目名称	单位	数量	单价	合计	材料备注
	门锁加门吸	套	1	580	580	成品门吸及门锁
四	橱柜	m	4	2380	9520	成品地柜加吊柜
	包管道	m	2.7	130	351	复合柜板
	其他				7038	
	电人工	m²	42	18	756	电路敷设人工，含开槽、分槽、布线管，不含灯具、插座安装
	电辅料	m²	42	6	252	伟星线管及管件
	电主材	m²	42	35	1470	红旗双益4m²、2.5m²、1.5m²多股铜芯线。秋叶原网线、闭路线。联塑线管及管件。不含强弱电底盒及面板
五	水（一卫一厨）	项	1	2400	2400	含冷热水管、管件。不负责移改暖气，天然气，不含煤气、监控等特种安装和下水改造。工程验收后，如发生渗漏水现象，只负责维修，不负责其他赔偿。不含穿墙打孔。负责维修，由于装修质量造成的要承担赔偿
	下水改造	项	1	260	260	PVC管材及人工
	垃圾清运费	项	1	700	700	（1）三楼以上每层加50元。（2）装修垃圾负责从楼上运到小区指定地点，不包含垃圾外运费用。（3）如小区内电梯可将材料直接运至所需楼层，按六层计算，电梯使用费由甲方（业主）承担
	材料搬运费	项	1	1200	1200	（1）不含甲供材料搬运；（2）如小区内不能使用电梯，按实际楼层计算；（3）如小区内电梯可将材料直接运至所需楼层，使用电梯使用费由甲方承担
六	工程总造价				76517.37	

七、工程补充说明

（1）此报价不含物业管理处所收任何费用（各种物业押金、质保金等），此项费用由业主自行承担，如因违规施工而造成的违章处罚由公司负责。

（2）此报价不含税金，此项费用由业主自行承担。

（3）施工中如有增加或减少项目，按照增减项目及数量的变更单据实结算。增项增管理费，减项不减管理费。

二居室的三档预算报价

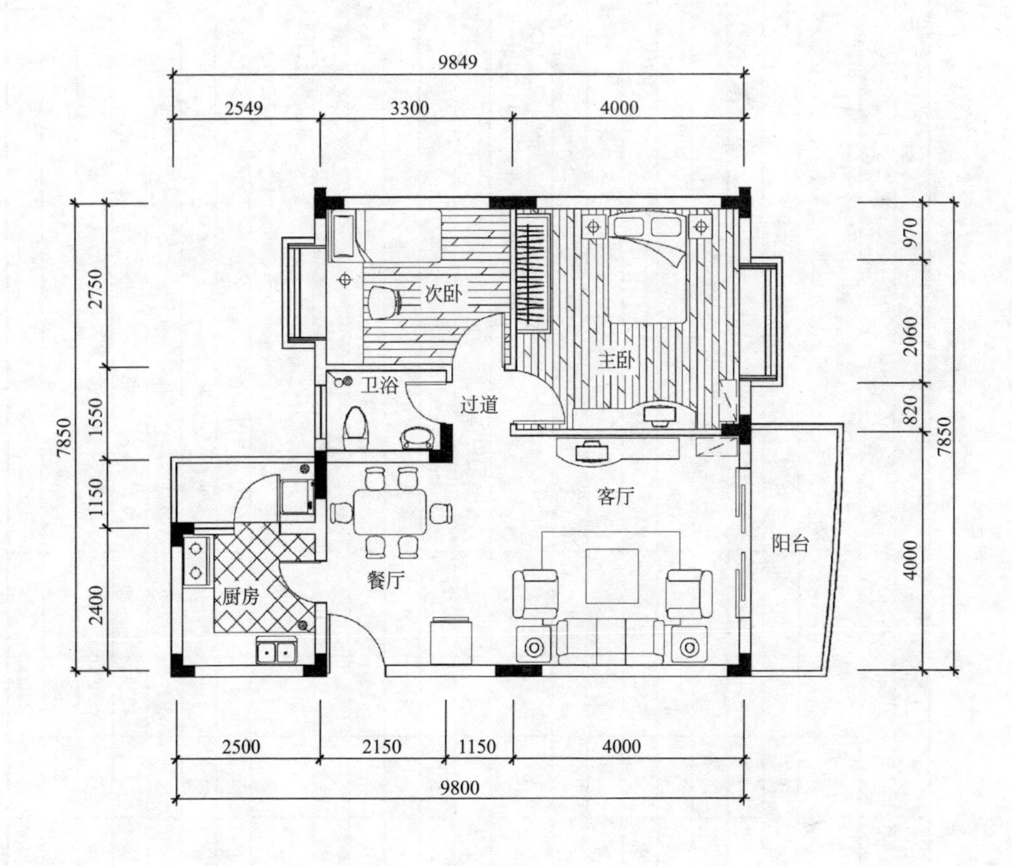

平面图

预算表1（经济）

编号	项目名称	单位	数量	单价	合计	材料备注
一	客厅				10266.4	
	顶、墙面乳胶漆（立邦五合一）	m^2	51.8	55	2849	（1）满刮腻子三遍，打磨平整。（2）涂刷单色乳胶漆三遍，每遍打磨一次。（3）每增加一色增加调色5元/m^2。（4）特殊地方工具不能刷到的以刷白为准
	地面找平	m^2	20.6	29	597.4	华新32.5号水泥/中粗砂、人工费用
	地砖	m^2	20.6	95	1957	600mm×600mm地砖、辅料、人工费用
	踢脚线	m	18.5	18	333	成品踢脚线及辅料，包含安装费用
	推拉门及门套	项	1	2450	2450	订制成品门及门套
	电视背景墙	项	1	780	780	订制图案壁纸、辅料及人工费
	电视柜	m	2.5	520	1300	细木工板框架，澳松板饰面，面层白色混油，柜体内贴玻音软片
二	餐厅				2505.54	
	顶、墙面乳胶漆（立邦五合一）	m^2	22.4	55	1232	（1）满刮腻子三遍，打磨平整。（2）涂刷单色乳胶漆三遍，每遍打磨一次。（3）每增加一色增加调色5元/m^2。（4）特殊地方工具不能刷到的以刷白为准
	地面找平	m^2	5.5	29	159.5	华新32.5号水泥/中粗砂、人工费用
	地砖	m^2	5.5	95	522.5	600mm×600mm地砖、辅料、人工费用
	踢脚线	m	9.53	18	171.54	成品踢脚线及辅料，包含安装费用
	鞋柜	m	1	420	420	细木工板框架，澳松板饰面，面层白色混油，柜体内贴玻音软片
三	主卧				13064.1	
	顶、墙面乳胶漆（立邦五合一）	m^2	51.6	55	2838	（1）满刮腻子三遍，打磨平整。（2）涂刷单色乳胶漆三遍，每遍打磨一次。（3）每增加一色增加调色5元/m^2。（4）特殊地方工具不能刷到的以刷白为准
	地面找平	m^2	15.4	29	446.6	华新32.5号水泥/中粗砂、人工费用
	强化复合木地板	m^2	15.4	135	2079	强化复合木地板、辅料、人工费用
	踢脚线	m	15	18	270	成品踢脚线及辅料，包含安装费用
	门及门套	项	1	1250	1250	订制成品复合实木门
	门锁及门吸	项	1	360	360	成品门锁及门吸
	窗套	m	5	165	825	订制成品免漆窗套
	窗台台面	m	2	230	460	大理石

续表

编号	项目名称	单位	数量	单价	合计	材料备注
三	电视柜	m	1.5	485	727.5	细木工板框架，澳松板饰面，面层白色混油，柜体内贴玻音软片
	衣柜	m²	6.8	560	3808	细木工板框架，澳松板饰面，面层装饰面板及喷白色混油，柜体内贴玻音软片
四	次卧				10191.8	
	顶、墙面乳胶漆（立邦五合一）	m²	36.8	55	2024	（1）满刮腻子三遍，打磨平整。（2）涂刷单色乳胶漆三遍，每遍打磨一次。（3）每增加一色增加调色5元/m²。（4）特殊地方工具不能刷到的以刷白为准
	地面找平	m²	9.1	29	263.9	华新32.5号水泥/中粗砂、人工费用
	强化复合木地板	m²	9.1	135	1228.5	强化复合木地板、辅料、人工费用
	踢脚线	m	11.3	18	203.4	成品踢脚线及辅料，包含安装费用
	门及门套	项	1	1250	1250	订制成品复合实木门
	门锁及门吸	项	1	360	360	成品门锁及门吸
	窗套	m	5	165	825	订制成品免漆窗套
	窗台台面	m	1.5	230	345	大理石
	简易书橱	m	1.5	520	780	细木工板框架，澳松板饰面，面层白色混油
	衣柜	m²	5.2	560	2912	细木工板框架，澳松板饰面，面层装饰面板及喷白色混油，柜体内贴玻音软片
五	卫浴间				5276	
	防水处理	m²	3.3	55	181.5	（1）如客户取消此项，则厨卫漏水及造成的一切损失与公司无关。（2）按防水施工要求清理基层并找平。（3）GSA-100高强防水涂料二遍，涂刷均匀，按展开面积计算（防水层沿墙面向上抬高0.3m）。（4）做闭水必须达到48h以上
	地砖	m²	3.3	125	412.5	（1）人工、水泥、砂浆。（2）300mm×300mm砖。（3）拼花、小砖及马赛克则按68元/m²计算。（4）尺寸范围以最长边计算
	墙砖	m²	16.4	135	2214	（1）人工、水泥、砂浆。（2）200mm×300mm砖。（3）拼花、小砖及马赛克则按68元/m²计算。（4）尺寸范围以最长边计算
	铝扣板吊顶	m²	3.3	260	858	轻钢龙骨框架，集成铝扣板

续表

编号	项目名称	单位	数量	单价	合计	材料备注
五	门及门套	项	1	1250	1250	订制成品复合实木门
	门锁及门吸	项	1	360	360	成品门锁及门吸
六	厨房				15508	
	地砖	m^2	6	125	750	（1）人工、水泥、砂浆。（2）300mm×300mm砖。（3）拼花、小砖及马赛克则按68元/m^2计算。（4）尺寸范围以最长边计算
	墙砖	m^2	21.5	125	2687.5	（1）人工、水泥、砂浆。（2）200mm×300mm砖。（3）拼花、小砖及马赛克则按68元/m^2计算。（4）尺寸范围以最长边计算
	铝扣板吊顶	m^2	6	260	1560	轻钢龙骨框架，集成铝扣板
	窗台台面	m	0.5	230	115	大理石
	橱柜	m	4.4	1380	6072	成品地柜加吊柜
	门及门套	项	1	1250	1250	订制成品复合实木门
	门锁及门吸	项	1	360	360	成品门锁及门吸
	阳台防水处理	m^2	2.9	55	159.5	（1）如客户取消此项，则厨卫漏水及造成的一切损失与公司无关。（2）按防水施工要求清理基层并找平。（3）GSA-100高强防水涂料二遍，涂刷均匀，按展开面积计算（防水层沿墙面向上抬高0.3m）。（4）做闭水必须达到48小时以上
	阳台地砖	m^2	2.9	125	362.5	（1）人工、水泥、砂浆。（2）300mm×300mm砖。（3）拼花、小砖及马赛克则按68元/m^2计算。（4）尺寸范围以最长边计算
	阳台墙砖	m^2	11.5	125	1437.5	（1）人工、水泥、砂浆。（2）200mm×300mm砖。（3）拼花、小砖及马赛克则按68元/m^2计算。（4）尺寸范围以最长边计算
	阳台铝扣板吊顶	m^2	2.9	260	754	轻钢龙骨框架，集成铝扣板
七	过道				872	
	顶、墙面乳胶漆（立邦五合一）	m^2	7.3	55	401.5	（1）满刮腻子三遍，打磨平整。（2）涂刷单色乳胶漆三遍，每遍打磨一次。（3）每增加一色增加调色5元/m^2。（4）特殊地方工具不能刷到的以刷白为准

续表

编号	项目名称	单位	数量	单价	合计	材料备注
七	地面找平	m^2	1.8	29	52.2	华新32.5号水泥/中粗砂、人工费用
	地砖	m^2	4.1	95	389.5	600mm×600mm地砖、辅料、人工费用
	踢脚线	m	1.6	18	28.8	成品踢脚线及辅料，包含安装费用
八	阳台				3954	
	阳台墙地砖	m^2	23	110	2530	华新32.5号水泥/中粗砂、人工费用，200mm×100阳台砖
	阳台防水	m^2	4.8	55	176	（1）如客户取消此项，则厨卫漏水及造成的一切损失与公司无关。（2）按防水施工要求清理基层并找平。（3）GSA-100高强防水涂料两遍，涂刷均匀，按展开面积计算（防水层沿墙面向上抬高0.3m）。（4）做闭水必须达到48h以上
	铝扣板吊顶	m^2	4.8	260	1248	轻钢龙骨框架，集成铝扣板
九	其他				7728.9	
	电人工	m^2	77.1	18	1387.8	电路敷设人工，含开槽、分槽、布线管，不含灯具、插座安装
	电辅料	m^2	77.1	6	462.6	伟星线管及管件
	电主材	m^2	77.1	35	2698.5	红旗双益$4m^2$、$2.5m^2$、$1.5m^2$多股铜芯线。秋叶原网线、闭路线。联塑线管及管件。不含强弱电底盒及面板
	水（一卫一厨）	项	1	1200	1200	含冷热水管、管件。不负责移改暖气，天然气，不含煤气、监控等特种安装和下水改造。工程验收后，如发生渗漏水现象，只负责维修，不负责其他赔偿。不含穿墙打孔。负责维修，由于装修质量造成的要承担赔偿
	下水改造	项	1	180	180	PVC管材及人工
	垃圾清运费	项	1	600	600	（1）三楼以上每层加50元。（2）装修垃圾负责从楼上运到小区指定地点，不包含垃圾外运费用。（3）如小区内电梯可将材料直接运至所需楼层，按六层计算，电梯使用费由甲方（业主）承担
	材料搬运费	项	1	1300	1200	（1）不含甲供材料搬运；（2）如小区内不能使用电梯，按实际楼层计算；（3）如小区内电梯可将材料直接运至所需楼层，使用电梯使用费由甲方承担
十	工程总造价				69366.74	

十一、工程补充说明

（1）此报价不含物业管理处所收任何费用（各种物业押金、质保金等），此项费用由业主自行承担，如因违规施工而造成的违章处罚由公司负责。

（2）此报价不含税金，此项费用由业主自行承担。

（3）施工中如有增加或减少项目，按照增减项目及数量的变更单据实结算。增项增管理费，减项不减管理费。

预算表2（舒适）

编号	项目名称	单位	数量	单价	合计	材料备注
一	客厅				16296.4	
	顶、墙面乳胶漆（立邦五合一）	m^2	41.8	85	3553	（1）满刮腻子三遍，打磨平整。（2）涂刷单色乳胶漆三遍，每遍打磨一次。（3）每增加一色增加调色5元/m^2。（4）特殊地方工具不能刷到的以刷白为准
	吊顶	m^2	4	125	500	石膏板、30mm×40mm木龙骨
	地面找平	m^2	20.6	29	597.4	华新32.5号水泥/中粗砂、人工费用
	强化复合木地板	m^2	20.6	195	4017	强化复合木地板、辅料、人工费用
	踢脚线	m	18.5	24	444	成品踢脚线及辅料，包含安装费用
	推拉门及门套	项	1	2850	2850	订制成品门及门套
	电视背景墙	项	1	1680	1680	大芯板造型、白色混油、烤漆玻璃
	电视柜	m	2.5	750	1875	订制成品实木复合电视柜
	沙发背景墙	项	1	780	780	石膏板、乳胶漆、水银镜
二	餐厅				4540.22	
	顶、墙面乳胶漆（立邦五合一）	m^2	16.7	85	1419.5	（1）满刮腻子三遍，打磨平整。（2）涂刷单色乳胶漆三遍，每遍打磨一次。（3）每增加一色增加调色5元/m^2。（4）特殊地方工具不能刷到的以刷白为准
	地面找平	m^2	5.5	29	159.5	华新32.5号水泥/中粗砂、人工费用
	强化复合木地板	m^2	5.5	195	1072.5	强化复合木地板、辅料、人工费用
	踢脚线	m	9.53	24	228.72	成品踢脚线及辅料，包含安装费用
	餐厅背景墙	项	1	1100	1100	石膏板、乳胶漆、烤漆玻璃
	鞋柜	m	1	560	560	细木工板框架，澳松板饰面，面层白色混油，柜体内贴玻音软片
三	主卧				18626.6	
	顶面乳胶漆（立邦五合一）	m^2	15.4	65	1001	（1）满刮腻子三遍，打磨平整。（2）涂刷单色乳胶漆三遍，每遍打磨一次。（3）每增加一色增加调色5元/m^2。（4）特殊地方工具不能刷到的以刷白为准
	吊顶	m^2	2	125	250	石膏板、30mm×40mm木龙骨
	墙面找平	m^2	36	29	1044	华新32.5号水泥/中粗砂、人工费用
	墙面壁纸	m^2	25.6	110	2816	壁纸、辅料、人工费用

续表

编号	项目名称	单位	数量	单价	合计	材料备注
三	地面找平	m^2	15.4	29	446.6	华新32.5号水泥/中粗砂、人工费用
	强化复合木地板	m^2	15.4	195	3003	强化复合木地板、辅料、人工费用
	踢脚线	m	15	24	360	成品踢脚线及辅料，包含安装费用
	门及门套	项	1	1650	1650	订制成品复合实木门
	门锁及门吸	项	1	420	420	成品门锁及门吸
	窗套	m	5	185	925	订制成品免漆窗套
	窗台台面	m	2	360	720	大理石
	主卧床头背景墙	项	1	650	650	石膏板、乳胶漆
	电视柜	m	1.5	750	1125	订制成品实木复合电视柜
	衣柜	m^2	6.8	620	4216	细木工板框架，澳松板饰面，面层装饰面板及喷白色混油，柜体内贴装饰面板、清漆施工
四	次卧				16090.9	
	顶面乳胶漆（立邦五合一）	m^2	36.8	65	2392	（1）满刮腻子三遍，打磨平整。（2）涂刷单色乳胶漆三遍，每遍打磨一次。（3）每增加一色增加调色5元/m^2。（4）特殊地方工具不能刷到的以刷白为准
	墙面找平	m^2	27.7	29	803.3	华新32.5号水泥/中粗砂、人工费用
	墙面壁纸	m^2	27.7	110	3047	壁纸、辅料、人工费用
	地面找平	m^2	9.1	29	263.9	华新32.5号水泥/中粗砂、人工费用
	强化复合木地板	m^2	9.1	195	1774.5	强化复合木地板、辅料、人工费用
	踢脚线	m	11.3	24	271.2	成品踢脚线及辅料，包含安装费用
	门及门套	项	1	1650	1650	订制成品复合实木门
	门锁及门吸	项	1	420	420	成品门锁及门吸
	窗套	m	5	185	925	订制成品免漆窗套
	窗台台面	m	1.5	360	540	大理石
	简易书橱	m	1.5	520	780	细木工板框架，澳松板饰面，面层白色混油
	衣柜	m^2	5.2	620	3224	细木工板框架，澳松板饰面，面层装饰面板及喷白色混油，柜体内贴装饰面板、清漆施工

续表

编号	项目名称	单位	数量	单价	合计	材料备注
五	卫浴间				6698.9	
	防水处理	m^2	3.3	55	181.5	（1）如客户取消此项，则厨卫漏水及造成的一切损失与公司无关。（2）按防水施工要求清理基层并找平。（3）GSA-100高强防水涂料二遍，涂刷均匀，按展开面积计算（防水层沿墙面向上抬高0.3m）。（4）做闭水必须达到48h以上
	地砖	m^2	3.3	168	554.4	（1）人工、水泥、砂浆。（2）300mm×300mm砖。（3）拼花、小砖及马赛克则按68元/m^2计算。（4）尺寸范围以最长边计算
	墙砖	m^2	16.4	175	2870	（1）人工、水泥、砂浆。（2）200mm×300mm砖。（3）拼花、小砖及马赛克则按68元/m^2计算。（4）尺寸范围以最长边计算
	铝扣板吊顶	m^2	3.3	310	1023	轻钢龙骨框架，集成铝扣板
	门及门套	项	1	1650	1650	订制成品复合实木门
	门锁及门吸	项	1	420	420	成品门锁及门吸
六	厨房				19279	
	地砖	m^2	6	155	930	（1）人工、水泥、砂浆。（2）300mm×300mm砖。（3）拼花、小砖及马赛克则按68元/m^2计算。（4）尺寸范围以最长边计算
	墙砖	m^2	21.5	155	3332.5	（1）人工、水泥、砂浆。（2）200mm×300mm砖。（3）拼花、小砖及马赛克则按68元/m^2计算。（4）尺寸范围以最长边计算
	铝扣板吊顶	m^2	6	310	1860	轻钢龙骨框架，集成铝扣板
	窗台台面	m	0.5	360	180	大理石
	橱柜	m	4.4	1780	7832	成品地柜加吊柜
	门及门套	项	1	1650	1650	订制成品复合实木门
	门锁及门吸	项	1	420	420	成品门锁及门吸
	阳台防水处理	m^2	2.9	55	159.5	（1）如客户取消此项，则厨卫漏水及造成的一切损失与公司无关。（2）按防水施工要求清理基层并找平。（3）GSA-100高强防水涂料二遍，涂刷均匀，按展开面积计算（防水层沿墙面向上抬高0.3m）。（4）做闭水必须达到48小时以上
	阳台地砖	m^2	2.9	140	406	（1）人工、水泥、砂浆。（2）300mm×300mm砖。（3）拼花、小砖及马赛克则按68元/m^2计算。（4）尺寸范围以最长边计算
	阳台墙砖	m^2	11.5	140	1610	（1）人工、水泥、砂浆。（2）200mm×300mm砖。（3）拼花、小砖及马赛克则按68元/m^2计算。（4）尺寸范围以最长边计算
	阳台铝扣板吊顶	m^2	2.9	310	899	轻钢龙骨框架，集成铝扣板

续表

编号	项目名称	单位	数量	单价	合计	材料备注
七	过道				1574.6	
	顶、墙面乳胶漆（立邦五合一）	m^2	7.3	85	620.5	（1）满刮腻子三遍，打磨平整。（2）涂刷单色乳胶漆三遍，每遍打磨一次。（3）每增加一色增加调色5元/m^2。（4）特殊地方工具不能刷到的以刷白为准
	吊项	m^2	4.1	125	512.5	石膏板、30mm×40mm木龙骨
	地面找平	m^2	1.8	29	52.2	华新32.5号水泥/中粗砂、人工费用
	强化复合木地板	m^2	1.8	195	351	强化复合木地板、辅料、人工费用
	踢脚线	m	1.6	24	38.4	成品踢脚线及辅料，包含安装费用
八	阳台				4884	
	阳台墙地砖	m^2	23	140	3220	华新32.5号水泥/中粗砂、人工费用，200mm×100阳台砖
	阳台防水	m^2	4.8	55	176	（1）如客户取消此项，则厨卫漏水及造成的一切损失与公司无关。（2）按防水施工要求清理基层并找平。（3）GSA-100高强防水涂料二遍，涂刷均匀，按展开面积计算（防水层沿墙面向上抬高0.3m）。（4）做闭水必须达到48小时以上
	阳台铝扣板吊顶	m^2	4.8	310	1488	轻钢龙骨框架，集成铝扣板
九	其他				7728.9	
	电人工	m^2	77.1	18	1387.8	电路敷设人工，含开槽、分槽、布线管，不含灯具、插座安装
	电辅料	m^2	77.1	6	462.6	伟星线管及管件
	电主材	m^2	77.1	35	2698.5	红旗双益4m^2、2.5m^2、1.5m^2多股铜芯线。秋叶原网线、闭路线。联塑线管及管件。不含强弱电底盒及面板
	水（一卫一厨）	项	1	1200	1200	含冷热水管、管件。不负责移改暖气，天然气，不含煤气、监控等特种安装和下水改造。工程验收后，如发生渗漏水现象，只负责维修，不负责其他赔偿。不含穿墙打孔。负责维修，由于装修质量造成的要承担赔偿
	下水改造	项	1	180	180	PVC管材及人工
	垃圾清运费	项	1	600	600	（1）三楼以上每层加50元。（2）装修垃圾负责从楼上运到小区指定地点，不包含垃圾外运费用。（3）如小区内电梯可将材料直接运至所需楼层，按六层计算，电梯使用费由甲方（业主）承担
	材料搬运费	项	1	1300	1200	（1）不含甲供材料搬运；（2）如小区内不能使用电梯，按实际楼层计算；（3）如小区内电梯可将材料直接运至所需楼层，使用电梯使用费由甲方承担
十	工程总造价				95719.52	

十一、工程补充说明

（1）此报价不含物业管理处所收任何费用（各种物业押金、质保金等），此项费用由业主自行承担，如因违规施工而造成的违章处罚由公司负责。

（2）此报价不含税金，此项费用由业主自行承担。

（3）施工中如有增加或减少项目，按照增减项目及数量的变更单据实结算。增项增管理费，减项不减管理费。

预算表3（高档）

编号	项目名称	单位	数量	单价	合计	材料备注
一	客厅				23514.2	
	顶面乳胶漆（立邦五合一）	m^2	20.6	85	1751	（1）满刮腻子三遍，打磨平整。（2）涂刷单色乳胶漆三遍，每遍打磨一次。（3）每增加一色增加调色5元/m^2。（4）特殊地方工具不能刷到的以刷白为准
	吊顶	m^2	10.5	165	1732.5	石膏板、烤漆玻璃、30mm×40mm木龙骨
	墙面找平	m^2	21.2	29	614.8	华新32.5号水泥/中粗砂、人工费用
	墙面壁纸	m^2	21.2	155	3286	壁纸、辅料、人工费用
	地面找平	m^2	20.6	29	597.4	华新32.5号水泥/中粗砂、人工费用
	实木复合木地板	m^2	20.6	265	5459	实木复合木地板、辅料、人工费用
	踢脚线	m	18.5	31	573.5	成品踢脚线及辅料，包含安装费用
	推拉门及门套	项	1	2850	2850	订制成品门及门套
	电视背景墙	项	1	2900	2900	木龙骨框架、石膏板造型、壁纸、石材、烤漆玻璃
	电视柜	m	2.5	960	2400	订制成品实木电视柜
	沙发背景墙	项	1	1350	1350	石膏板、壁纸、水银镜、乳胶漆
二	餐厅				8830.23	
	顶面乳胶漆（立邦五合一）	m^2	16.7	85	1419.5	（1）满刮腻子三遍，打磨平整。（2）涂刷单色乳胶漆三遍，每遍打磨一次。（3）每增加一色增加调色5元/m^2。（4）特殊地方工具不能刷到的以刷白为准
	吊顶	m^2	5.5	165	907.5	石膏板、烤漆玻璃、30mm×40mm木龙骨
	墙面找平	m^2	11.2	29	324.8	华新32.5号水泥/中粗砂、人工费用
	墙面壁纸	m^2	11.2	155	1736	壁纸、辅料、人工费用
	地面找平	m^2	5.5	29	159.5	华新32.5号水泥/中粗砂、人工费用
	实木复合木地板	m^2	5.5	265	1457.5	实木复合木地板、辅料、人工费用
	踢脚线	m	9.53	31	295.43	成品踢脚线及辅料，包含安装费用
	餐厅背景墙	项	1	1550	1550	石膏板、乳胶漆、壁纸、烤漆玻璃
	鞋柜	m	1	980	980	订制成品鞋柜
三	主卧				23617.6	
	顶面乳胶漆（立邦五合一）	m^2	15.4	85	1309	（1）满刮腻子三遍，打磨平整。（2）涂刷单色乳胶漆三遍，每遍打磨一次。（3）每增加一色增加调色5元/m^2。（4）特殊地方工具不能刷到的以刷白为准
	吊顶	m^2	2	165	330	石膏板、30mm×40mm木龙骨

续表

编号	项目名称	单位	数量	单价	合计	材料备注
三	墙面找平	m^2	36	29	1044	华新32.5号水泥/中粗砂、人工费用
	墙面壁纸	m^2	25.6	185	4736	壁纸、辅料、人工费用
	地面找平	m^2	15.4	29	446.6	华新32.5号水泥/中粗砂、人工费用
	实木复合木地板	m^2	15.4	265	4081	实木复合木地板、辅料、人工费用
	踢脚线	m	15	31	465	成品踢脚线及辅料，包含安装费用
	门及门套	项	1	2150	2150	订制成品实木门
	门锁及门吸	项	1	560	560	成品门锁及门吸
	窗套	m	5	235	1175	订制成品实木窗套
	窗台台面	m	2	360	720	大理石
	主卧床头背景墙	项	1	1350	1350	木龙骨框架、石膏板、烤漆玻璃、壁纸
	电视柜	m	1.5	690	1035	订制成品实木电视柜
	衣柜	m^2	6.8	620	4216	细木工板框架，澳松板饰面，面层装饰面板及喷白色混油，柜体内贴装饰面板、清漆施工
四	次卧				20335	
	顶面乳胶漆（立邦五合一）	m^2	36.8	85	3128	（1）满刮腻子三遍，打磨平整。（2）涂刷单色乳胶漆三遍，每遍打磨一次。（3）每增加一色增加调色5元/m^2。（4）特殊地方工具不能刷到的以刷白为准
	墙面找平	m^2	27.7	29	803.3	华新32.5号水泥/中粗砂、人工费用
	墙面壁纸	m^2	27.7	170	4709	壁纸、辅料、人工费用
	地面找平	m^2	9.1	29	263.9	华新32.5号水泥/中粗砂、人工费用
	实木复合木地板	m^2	9.1	265	2411.5	实木复合木地板、辅料、人工费用
	踢脚线	m	11.3	31	350.3	成品踢脚线及辅料，包含安装费用
	门及门套	项	1	2150	2150	订制成品实木门
	门锁及门吸	项	1	560	560	成品门锁及门吸
	窗套	m	5	235	1175	订制成品实木窗套
	窗台台面	m	1.5	360	540	大理石
	书橱	m	1.5	680	1020	细木工板框架，装饰面板饰面，面层清漆
	衣柜	m^2	5.2	620	3224	细木工板框架，澳松板饰面，面层装饰面板及喷白色混油，柜体内贴装饰面板、清漆施工

续表

编号	项目名称	单位	数量	单价	合计	材料备注
五	卫浴间				8645	
	防水处理	m^2	3.3	55	181.5	（1）如客户取消此项，则厨卫漏水及造成的一切损失与公司无关。（2）按防水施工要求清理基层并找平。（3）GSA-100高强防水涂料二遍，涂刷均匀，按展开面积计算（防水层沿墙面向上抬高0.3m）。（4）做闭水必须达到48h以上
	地砖	m^2	3.3	215	709.5	（1）人工、水泥、砂浆。（2）300mm×300mm砖。（3）拼花、小砖及马赛克则按68元/m^2计算。（4）尺寸范围以最长边计算
	墙砖	m^2	16.4	215	3526	（1）人工、水泥、砂浆。（2）200mm×300mm砖。（3）拼花、小砖及马赛克则按68元/m^2计算。（4）尺寸范围以最长边计算
	铝扣板吊顶	m^2	3.3	460	1518	轻钢龙骨框架，集成铝扣板
	门及门套	项	1	2150	2150	订制成品实木门
	门锁及门吸	项	1	560	560	成品门锁及门吸
六	厨房				26070	
	地砖	m^2	6	215	1290	（1）人工、水泥、砂浆。（2）300mm×300mm砖。（3）拼花、小砖及马赛克则按68元/m^2计算。（4）尺寸范围以最长边计算
	墙砖	m^2	21.5	195	4192.5	（1）人工、水泥、砂浆。（2）200mm×300mm砖。（3）拼花、小砖及马赛克则按68元/m^2计算。（4）尺寸范围以最长边计算
	铝扣板吊顶	m^2	6	460	2760	轻钢龙骨框架，集成铝扣板
	窗台台面	m	0.5	360	180	大理石
	橱柜	m	4.4	2450	10780	成品地柜加吊柜
	门及门套	项	1	2150	2150	订制成品实木门
	门锁及门吸	项	1	560	560	成品门锁及门吸
	阳台防水处理	m^2	2.9	55	159.5	（1）如客户取消此项，则厨卫漏水及造成的一切损失与公司无关。（2）按防水施工要求清理基层并找平。（3）GSA-100高强防水涂料二遍，涂刷均匀，按展开面积计算（防水层沿墙面向上抬高0.3m）。（4）做闭水必须达到48小时以上
	阳台地砖	m^2	2.9	185	536.5	（1）人工、水泥、砂浆。（2）300mm×300mm砖。（3）拼花、小砖及马赛克则按68元/m^2计算。（4）尺寸范围以最长边计算
	阳台墙砖	m^2	11.5	185	2127.5	（1）人工、水泥、砂浆。（2）200mm×300mm砖。（3）拼花、小砖及马赛克则按68元/m^2计算。（4）尺寸范围以最长边计算
	阳台铝扣板吊顶	m^2	2.9	460	1334	轻钢龙骨框架，集成铝扣板
七	过道				1968.8	
	顶面乳胶漆（立邦五合一）	m^2	1.8	85	153	（1）满刮腻子三遍，打磨平整。（2）涂刷单色乳胶漆三遍，每遍打磨一次。（3）每增加一色增加调色5元/m^2。（4）特殊地方工具不能刷到的以刷白为准

续表

编号	项目名称	单位	数量	单价	合计	材料备注
七	吊顶	m^2	1.8	125	225	石膏板、30mm×40mm木龙骨
	墙面找平	m^2	5.5	29	159.5	华新32.5号水泥/中粗砂、人工费用
	墙面壁纸	m^2	5.5	155	852.5	壁纸、辅料、人工费用
	地面找平	m^2	1.8	29	52.2	华新32.5号水泥/中粗砂、人工费用
	实木复合木地板	m^2	1.8	265	477	实木复合木地板、辅料、人工费用
	踢脚线	m	1.6	31	49.6	成品踢脚线及辅料，包含安装费用
八	阳台				6639	
	阳台墙地砖	m^2	23	185	4255	华新32.5号水泥/中粗砂、人工费用，200mm×100阳台砖
	阳台防水	m^2	4.8	55	176	（1）如客户取消此项，则厨卫漏水及造成的一切损失与公司无关。（2）按防水施工要求清理基层并找平。（3）GSA-100高强防水涂料二遍，涂刷均匀，按展开面积计算（防水层沿墙面向上抬高0.3m）。（4）做闭水必须达到48小时以上
	铝扣板吊顶	m^2	4.8	460	2208	轻钢龙骨框架，集成铝扣板
九	其他				7728.9	
	电人工	m^2	77.1	18	1387.8	电路敷设人工，含开槽、分槽、布线管，不含灯具、插座安装
	电辅料	m^2	77.1	6	462.6	伟星线管及管件
	电主材	m^2	77.1	35	2698.5	红旗双益$4m^2$、$2.5m^2$、$1.5m^2$多股铜芯线。秋叶原网线、闭路线。联塑线管及管件。不含强弱电底盒及面板
	水（一卫一厨）	项	1	1200	1200	含冷热水管、管件。不负责移改暖气，天然气，不含煤气、监控等特种安装和下水改造。工程验收后，如发生渗漏水现象，只负责维修，不负责其他赔偿。不含穿墙打孔。负责维修，由于装修质量造成的要承担赔偿
	下水改造	项	1	180	180	PVC管材及人工
	垃圾清运费	项	1	600	600	（1）三楼以上每层加50元。（2）装修垃圾负责从楼上运到小区指定地点，不包含垃圾外运费用。（3）如小区内电梯可将材料直接运至所需楼层，按六层计算，电梯使用费由甲方（业主）承担
	材料搬运费	项	1	1300	1200	（1）不含甲供材料搬运；（2）如小区内不能使用电梯，按实际楼层计算；（3）如小区内电梯可将材料直接运至所需楼层，使用电梯使用费由甲方承担
十	工程总造价				127348.73	

十一、工程补充说明

（1）此报价不含物业管理处所收任何费用（各种物业押金、质保金等），此项费用由业主自行承担，如因违规施工而造成的违章处罚由公司负责。

（2）此报价不含税金，此项费用由业主自行承担。

（3）施工中如有增加或减少项目，按照增减项目及数量的变更单据实结算。增项增管理费，减项不减管理费。

三居室的三档预算报价

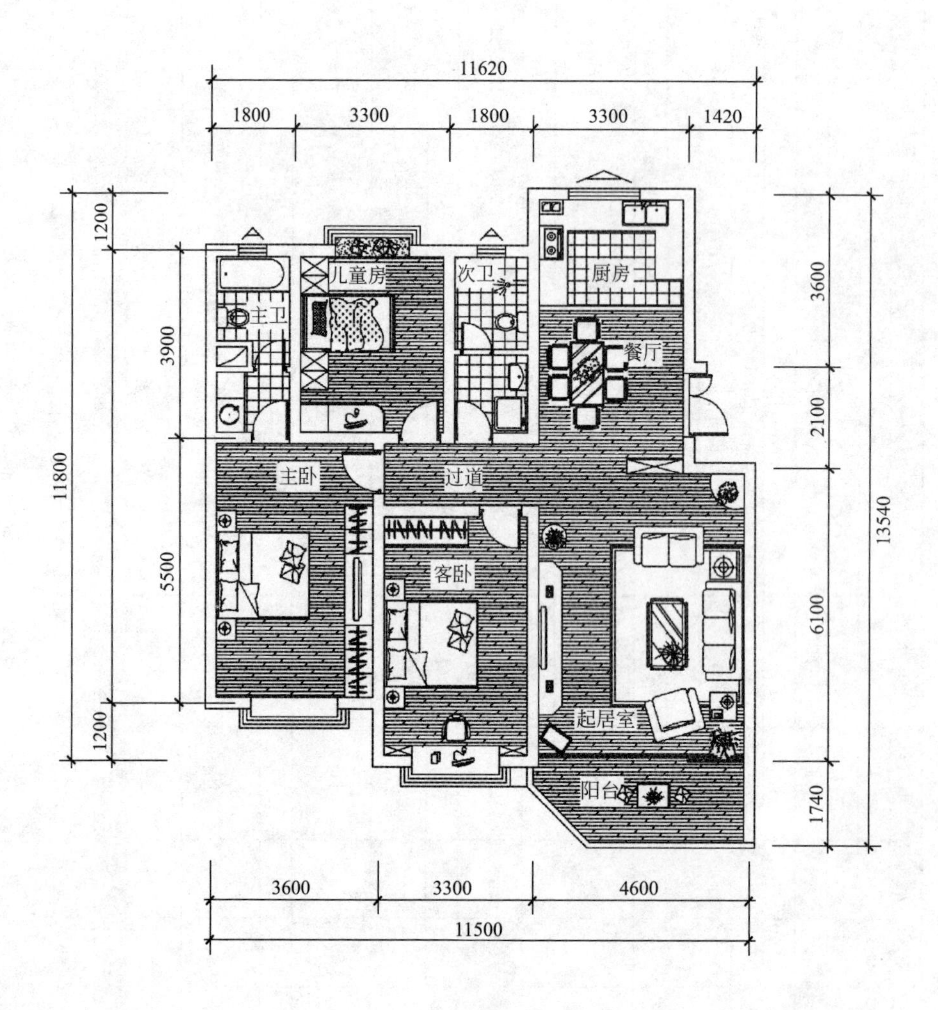

平面图

预算表1（经济）

编号	项目名称	单位	数量	单价	合计	材料备注
一	过道				1255.1	
	顶、墙面乳胶漆（立邦五合一）	m^2	15.1	55	830.5	（1）满刮腻子三遍，打磨平整。（2）涂刷单色乳胶漆三遍，每遍打磨一次。（3）每增加一色增加调色5元/m^2。（4）特殊地方工具不能刷到的以刷白为准
	强化复合木地板	m^2	4	85	340	强化复合木地板、辅料、人工费用
	踢脚线	m	4.7	18	84.6	成品踢脚线及辅料，包含安装费用
二	起居室				9871.5	
	顶、墙面乳胶漆（立邦五合一）	m^2	47.7	55	2623.5	（1）满刮腻子三遍，打磨平整。（2）涂刷单色乳胶漆三遍，每遍打磨一次。（3）每增加一色增加调色5元/m^2。（4）特殊地方工具不能刷到的以刷白为准
	吊顶	m^2	4.6	130	598	石膏板、30mm×40mm木龙骨
	地面找平	m^2	28.1	29	814.9	华新32.5号水泥/中粗砂、人工费用
	强化复合木地板	m^2	28.1	85	2388.5	强化复合木地板、辅料、人工费用
	踢脚线	m	13.7	18	246.6	成品踢脚线及辅料，包含安装费用
	电视背景墙	项	1	1350	1350	石膏板、壁纸、乳胶漆
	电视柜	项	1	1460	1460	订制成品实木复合电视柜
	隔断	项	1	390	390	细木工板框架，澳松板饰面，双面白色混油
三	阳台				5394	
	顶面乳胶漆（立邦五合一）	m^2	8	55	440	（1）满刮腻子三遍，打磨平整。（2）涂刷单色乳胶漆三遍，每遍打磨一次。（3）每增加一色增加调色5元/m^2。（4）特殊地方工具不能刷到的以刷白为准
	吊顶	m^2	11.6	125	1450	石膏板、30mm×40mm木龙骨
	地面找平	m^2	8	29	232	华新32.5号水泥/中粗砂、人工费用
	地台	m^2	8	150	1200	细木工板、辅料、人工费
	强化复合木地板	m^2	8	85	680	强化复合木地板、辅料、人工费用
	墙砖	m^2	11.6	120	1392	（1）人工、水泥、砂浆。（2）200mm×300mm砖。（3）拼花、小砖及马赛克则按68元/m^2计算。（4）尺寸范围以最长边计算

续表

编号	项目名称	单位	数量	单价	合计	材料备注
四	餐厅				3359.6	
	顶、墙面乳胶漆（立邦五合一）	m^2	27.8	55	1529	（1）满刮腻子三遍，打磨平整。（2）涂刷单色乳胶漆三遍，每遍打磨一次。（3）每增加一色增加调色5元/m^2。（4）特殊地方工具不能刷到的以刷白为准
	地面找平	m^2	12	29	348	华新32.5号水泥/中粗砂、人工费用
	强化复合木地板	m^2	12	85	1020	强化复合木地板、辅料、人工费用
	踢脚线	m	5.7	18	102.6	成品踢脚线及辅料，包含安装费用
	鞋柜	项	1	360	360	订制成品实木复合鞋柜
五	主卧				10723.8	
	顶、墙面乳胶漆（立邦五合一）	m^2	64.2	55	3531	（1）满刮腻子三遍，打磨平整。（2）涂刷单色乳胶漆三遍，每遍打磨一次。（3）每增加一色增加调色5元/m^2。（4）特殊地方工具不能刷到的以刷白为准
	地面找平	m^2	19.8	29	574.2	华新32.5号水泥/中粗砂、人工费用
	强化复合木地板	m^2	19.8	85	1683	强化复合木地板、辅料、人工费用
	踢脚线	m	16.7	18	300.6	成品踢脚线及辅料，包含安装费用
	门及门套	项	1	1250	1250	订制成品复合实木门
	门锁及门吸	项	1	290	290	成品门锁及门吸
	窗套	m	5	155	775	订制成品免漆窗套
	窗台台面	m	2.5	180	450	大理石
	一体式衣柜	m^2	11	170	1870	细木工板框架，澳松板饰面，白色混油、水银镜，柜体内贴玻音软片
六	客卧				8360.8	
	顶、墙面乳胶漆（立邦五合一）	m^2	49.2	55	2706	（1）满刮腻子三遍，打磨平整。（2）涂刷单色乳胶漆三遍，每遍打磨一次。（3）每增加一色增加调色5元/m^2。（4）特殊地方工具不能刷到的以刷白为准
	地面找平	m^2	14.2	29	411.8	华新32.5号水泥/中粗砂、人工费用
	强化复合木地板	m^2	14.2	85	1207	强化复合木地板、辅料、人工费用

续表

编号	项目名称	单位	数量	单价	合计	材料备注
六	踢脚线	m	14.5	18	261	成品踢脚线及辅料，包含安装费用
	门及门套	项	1	1250	1250	订制成品复合实木门
	门锁及门吸	项	1	290	290	成品门锁及门吸
	窗套	m	5	155	775	订制成品免漆窗套
	窗台台面	m	2	180	360	大理石
	衣柜	项	1	1100	1100	订制成品实木复合衣柜
七	儿童房				7713	
	顶、墙面乳胶漆（立邦五合一）	m^2	46	55	2530	（1）满刮腻子三遍，打磨平整。（2）涂刷单色乳胶漆三遍，每遍打磨一次。（3）每增加一色增加调色5元/m^2。（4）特殊地方工具不能刷到的以刷白为准
	地面找平	m^2	13	29	377	华新32.5号水泥/中粗砂、人工费用
	强化复合木地板	m^2	13	88	1144	强化复合木地板、辅料、人工费用
	踢脚线	m	14	18	252	成品踢脚线及辅料，包含安装费用
	门及门套	项	1	1250	1250	订制成品复合实木门
	门锁及门吸	项	1	290	290	成品门锁及门吸
	窗套	m	5	155	775	订制成品免漆窗套
	窗台台面	m	2	180	360	大理石
	书桌	项	1	420	420	订制成品实木复合书桌
	床头储物柜	m	1.5	210	315	细木工板框架，澳松板饰面，白色混油，柜体内贴玻音软片

续表

编号	项目名称	单位	数量	单价	合计	材料备注
八	主卫				9602.2	
	防水处理	m^2	7.1	55	390.5	（1）如客户取消此项，则厨卫漏水及造成的一切损失与公司无关。（2）按防水施工要求清理基层并找平。（3）GSA-100高强防水涂料二遍，涂刷均匀，按展开面积计算（防水层沿墙面向上抬高0.3m）。（4）做闭水必须达到48小时以上
	地砖	m^2	7.1	142	1008.2	（1）人工、水泥、砂浆。（2）300mm×300mm砖。（3）拼花、小砖及马赛克则按68元/m^2计算。（4）尺寸范围以最长边计算
	墙砖	m^2	34.6	120	4152	（1）人工、水泥、砂浆。（2）200mm×300mm砖。（3）拼花、小砖及马赛克则按68元/m^2计算。（4）尺寸范围以最长边计算
	铝扣板吊项	m^2	7.1	245	1739.5	轻钢龙骨框架，集成铝扣板
	门及门套	项	1	1250	1250	订制成品复合实木门
	门锁及门吸	项	1	290	290	成品门锁及门吸
	内门	项	1	310	310	铝合金框架、磨砂玻璃
	门锁及门吸	项	1	150	150	成品门锁及门吸
	包管道	m	2.6	120	312	（1）人工、水泥、砂浆。（2）200mm×300mm砖。（3）拼花、小砖及马赛克则按68元/m^2计算。（4）尺寸范围以最长边计算
九	次卫				9290.2	
	防水处理	m^2	7.1	55	390.5	（1）如客户取消此项，则厨卫漏水及造成的一切损失与公司无关。（2）按防水施工要求清理基层并找平。（3）GSA-100高强防水涂料二遍，涂刷均匀，按展开面积计算（防水层沿墙面向上抬高0.3m）。（4）做闭水必须达到48小时以上
	地砖	m^2	7.1	142	1008.2	（1）人工、水泥、砂浆。（2）300mm×300mm砖。（3）拼花、小砖及马赛克则按68元/m^2计算。（4）尺寸范围以最长边计算
	墙砖	m^2	34.6	120	4152	（1）人工、水泥、砂浆。（2）200mm×300mm砖。（3）拼花、小砖及马赛克则按68元/m^2计算。（4）尺寸范围以最长边计算
	铝扣板吊项	m^2	7.1	245	1739.5	轻钢龙骨框架，集成铝扣板

续表

编号	项目名称	单位	数量	单价	合计	材料备注
九	门及门套	项	1	1250	1250	订制成品复合实木门
	门锁及门吸	项	1	290	290	成品门锁及门吸
	内门	项	1	310	310	铝合金框架、磨砂玻璃
	门锁及门吸	项	1	150	150	成品门锁及门吸
十	厨房				11928	
	地砖	m^2	7	105	735	（1）人工、水泥、砂浆。（2）300mm×300mm砖。（3）拼花、小砖及马赛克则按68元/m^2计算。（4）尺寸范围以最长边计算
	墙砖	m^2	14.2	90	1278	（1）人工、水泥、砂浆。（2）200mm×300mm砖。（3）拼花、小砖及马赛克则按68元/m^2计算。（4）尺寸范围以最长边计算
	铝扣板吊顶	m^2	7	245	1715	轻钢龙骨框架，集成铝扣板
	窗台台面	m	2	180	360	大理石
	橱柜	m	6	1050	6300	成品地柜加吊柜
	门及门套	项	1	1250	1250	订制成品复合实木门
	门锁及门吸	项	1	290	290	成品门锁及门吸
十一	其他				9970.8	
	电人工	m^2	157.4	15	2361	电路敷设人工，含开槽、分槽、布线管，不含灯具、插座安装
	电辅料	m^2	157.4	5	787	伟星线管及管件
	电主材	m^2	157.4	22	3462.8	红旗双益4m^2、2.5m^2、1.5m^2多股铜芯线。秋叶原网线、闭路线。联塑线管及管件。不含强弱电底h盒及面板
	水（一卫一厨）	项	1	1200	1200	含冷热水管、管件。不负责移改暖气，天然气，不含煤气、监控等特种安装和下水改造。工程验收后，如发生渗漏水现象，只负责维修，不负责其他赔偿。不含穿墙打孔。负责维修，由于装修质量造成的要承担赔偿
	下水改造	项	1	260	260	PVC管材及人工

续表

编号	项目名称	单位	数量	单价	合计	材料备注
十一	垃圾清运费	项	1	600	600	（1）三楼以上每层加50元。（2）装修垃圾负责从楼上运到小区指定地点，不包含垃圾外运费用。（3）如小区内电梯可将材料直接运至所需楼层，按六层计算，电梯使用费由甲方（业主）承担
	材料搬运费	项	1	1300	1300	（1）不含甲供材料搬运；（2）如小区内不能使用电梯，按实际楼层计算；（3）如小区内电梯可将材料直接运至所需楼层，使用电梯使用费由甲方承担
十二	工程总造价				87469	

十三、工程补充说明

（1）此报价不含物业管理处所收任何费用（各种物业押金、质保金等），此项费用由业主自行承担，如因违规施工而造成的违章处罚由公司负责。

（2）此报价不含税金，此项费用由业主自行承担。

（3）施工中如有增加或减少项目，按照增减项目及数量的变更单据实结算。增项增管理费，减项不减管理费。

预算表2（舒适）

编号	项目名称	单位	数量	单价	合计	材料备注
一	过道				1420	
	顶、墙面乳胶漆（立邦五合一）	m^2	15.1	55	830.5	（1）满刮腻子三遍，打磨平整。（2）涂刷单色乳胶漆三遍，每遍打磨一次。（3）每增加一色增加调色5元/m^2。（4）特殊地方工具不能刷到的以刷白为准
	强化复合木地板	m^2	4	118	472	强化复合木地板、辅料、人工费用
	踢脚线	m	4.7	25	117.5	成品踢脚线及辅料，包含安装费用
二	起居室				12610.7	
	顶、墙面乳胶漆（立邦五合一）	m^2	47.7	65	3100.5	（1）满刮腻子三遍，打磨平整。（2）涂刷单色乳胶漆三遍，每遍打磨一次。（3）每增加一色增加调色5元/m^2。（4）特殊地方工具不能刷到的以刷白为准
	吊顶	m^2	4.6	145	667	石膏板、30mm×40mm木龙骨
	地面找平	m^2	28.1	29	814.9	华新32.5号水泥/中粗砂、人工费用
	强化复合木地板	m^2	28.1	118	3315.8	强化复合木地板、辅料、人工费用

续表

编号	项目名称	单位	数量	单价	合计	材料备注
二	踢脚线	m	13.7	25	342.5	成品踢脚线及辅料，包含安装费用
	电视背景墙	项	1	1800	1800	木龙骨框架、石膏板、壁纸、烤漆玻璃
	电视柜	项	1	2150	2150	订制成品实木复合电视柜
	隔断	项	1	420	420	细木工板框架，澳松板饰面，双面白色混油、水银镜
三	阳台				5890	
	顶面乳胶漆（立邦五合一）	m^2	8	55	440	（1）满刮腻子三遍，打磨平整。（2）涂刷单色乳胶漆三遍，每遍打磨一次。（3）每增加一色增加调色5元/m^2。（4）特殊地方工具不能刷到的以刷白为准
	吊顶	m^2	11.6	125	1450	石膏板、30mm×40mm木龙骨
	地面找平	m^2	8	29	232	华新32.5号水泥/中粗砂、人工费用
	地台	m^2	8	150	1200	细木工板、辅料、人工费
	强化复合木地板	m^2	8	118	944	强化复合木地板、辅料、人工费用
	墙砖	m^2	11.6	140	1624	（1）人工、水泥、砂浆。（2）200mm×300mm砖。（3）拼花、小砖及马赛克则按68元/m^2计算。（4）尺寸范围以最长边计算
四	餐厅				4333.5	
	顶、墙面乳胶漆（立邦五合一）	m^2	27.8	65	1807	（1）满刮腻子三遍，打磨平整。（2）涂刷单色乳胶漆三遍，每遍打磨一次。（3）每增加一色增加调色5元/m^2。（4）特殊地方工具不能刷到的以刷白为准
	地面找平	m^2	12	29	348	华新32.5号水泥/中粗砂、人工费用
	强化复合木地板	m^2	12	118	1416	强化复合木地板、辅料、人工费用
	踢脚线	m	5.7	25	142.5	成品踢脚线及辅料，包含安装费用
	鞋柜	项	1	620	620	订制成品实木复合鞋柜

续表

编号	项目名称	单位	数量	单价	合计	材料备注
五	主卧				12554.1	
	顶、墙面乳胶漆（立邦五合一）	m^2	64.2	55	3531	（1）满刮腻子三遍，打磨平整。（2）涂刷单色乳胶漆三遍，每遍打磨一次。（3）每增加一色增加调色5元/m^2。（4）特殊地方工具不能刷到的以刷白为准
	地面找平	m^2	19.8	29	574.2	华新32.5号水泥/中粗砂、人工费用
	强化复合木地板	m^2	19.8	118	2336.4	强化复合木地板、辅料、人工费用
	踢脚线	m	16.7	25	417.5	成品踢脚线及辅料，包含安装费用
	门及门套	项	1	1680	1680	订制成品复合实木门
	门锁及门吸	项	1	330	330	成品门锁及门吸
	窗套	m	5	176	880	订制成品免漆窗套
	窗台台面	m	2.5	220	550	大理石
	一体式衣柜	m^2	11	205	2255	细木工板框架，澳松板饰面，白色混油、水银镜，柜体内贴装饰面板、清漆施工
六	客卧				10865.9	
	顶、墙面乳胶漆（立邦五合一）	m^2	49.2	55	2706	（1）满刮腻子三遍，打磨平整。（2）涂刷单色乳胶漆三遍，每遍打磨一次。（3）每增加一色增加调色5元/m^2。（4）特殊地方工具不能刷到的以刷白为准
	地面找平	m^2	14.2	29	411.8	华新32.5号水泥/中粗砂、人工费用
	强化复合木地板	m^2	14.2	118	1675.6	强化复合木地板、辅料、人工费用
	踢脚线	m	14.5	25	362.5	成品踢脚线及辅料，包含安装费用
	门及门套	项	1	1680	1680	订制成品复合实木门
	门锁及门吸	项	1	330	330	成品门锁及门吸
	窗套	m	5	176	880	订制成品免漆窗套
	窗台台面	m	2	220	440	大理石
	衣柜	项	1	2380	2380	订制成品实木复合衣柜

续表

编号	项目名称	单位	数量	单价	合计	材料备注
七	儿童房				9178.5	
	顶、墙面乳胶漆（立邦五合一）	m^2	46	55	2530	（1）满刮腻子三遍，打磨平整。（2）涂刷单色乳胶漆三遍，每遍打磨一次。（3）每增加一色增加调色5元/m^2。（4）特殊地方工具不能刷到的以刷白为准
	地面找平	m^2	13	29	377	华新32.5号水泥/中粗砂、人工费用
	强化复合木地板	m^2	13	118	1534	强化复合木地板、辅料、人工费用
	踢脚线	m	14	25	350	成品踢脚线及辅料，包含安装费用
	门及门套	项	1	1680	1680	订制成品复合实木门
	门锁及门吸	项	1	330	330	成品门锁及门吸
	窗套	m	5	176	880	订制成品免漆窗套
	窗台台面	m	2	220	440	大理石
	书桌	项	1	615	615	订制成品实木复合书桌
	床头储物柜	m	1.5	295	442.5	细木工板框架，澳松板饰面，双面白色混油
八	主卫				11187.9	
	防水处理	m^2	7.1	55	390.5	（1）如客户取消此项，则厨卫漏水及造成的一切损失与公司无关。（2）按防水施工要求清理基层并找平。（3）GSA-100高强防水涂料二遍，涂刷均匀，按展开面积计算（防水层沿墙面向上抬高0.3m）。（4）做闭水必须达到48小时以上
	地砖	m^2	7.1	178	1263.8	（1）人工、水泥、砂浆。（2）300mm×300mm砖。（3）拼花、小砖及马赛克则按68元/m^2计算。（4）尺寸范围以最长边计算
	墙砖	m^2	34.6	135	4671	（1）人工、水泥、砂浆。（2）200mm×300mm砖。（3）拼花、小砖及马赛克则按68元/m^2计算。（4）尺寸范围以最长边计算
	铝扣板吊顶	m^2	7.1	286	2030.6	轻钢龙骨框架，集成铝扣板
	门及门套	项	1	1680	1680	订制成品复合实木门

续表

编号	项目名称	单位	数量	单价	合计	材料备注
八	门锁及门吸	项	1	330	330	成品门锁及门吸
	内门	项	1	310	310	铝合金框架、磨砂玻璃
	门锁及门吸	项	1	200	200	成品门锁及门吸
	包管道	m	2.6	120	312	（1）人工、水泥、砂浆。（2）200mm×300mm砖。（3）拼花、小砖及马赛克则按68元/m^2计算。（4）尺寸范围以最长边计算
九	次卫				10875.9	
	防水处理	m^2	7.1	55	390.5	（1）如客户取消此项，则厨卫漏水及造成的一切损失与公司无关。（2）按防水施工要求清理基层并找平。（3）GSA-100高强防水涂料二遍，涂刷均匀，按展开面积计算（防水层沿墙面向上抬高0.3m）。（4）做闭水必须达到48小时以上
	地砖	m^2	7.1	178	1263.8	（1）人工、水泥、砂浆。（2）300mm×300mm砖。（3）拼花、小砖及马赛克则按68元/m^2计算。（4）尺寸范围以最长边计算
	墙砖	m^2	34.6	135	4671	（1）人工、水泥、砂浆。（2）200mm×300mm砖。（3）拼花、小砖及马赛克则按68元/m^2计算。（4）尺寸范围以最长边计算
	铝扣板吊顶	m^2	7.1	286	2030.6	轻钢龙骨框架，集成铝扣板
	门及门套	项	1	1680	1680	订制成品复合实木门
	门锁及门吸	项	1	330	330	成品门锁及门吸
	内门	项	1	310	310	铝合金框架、磨砂玻璃
	门锁及门吸	项	1	200	200	成品门锁及门吸
十	厨房				16580	
	地砖	m^2	7	138	966	（1）人工、水泥、砂浆。（2）300mm×300mm砖。（3）拼花、小砖及马赛克则按68元/m^2计算。（4）尺寸范围以最长边计算
	墙砖	m^2	14.2	110	1562	（1）人工、水泥、砂浆。（2）200mm×300mm砖。（3）拼花、小砖及马赛克则按68元/m^2计算。（4）尺寸范围以最长边计算
	铝扣板吊顶	m^2	7	286	2002	轻钢龙骨框架，集成铝扣板

续表

编号	项目名称	单位	数量	单价	合计	材料备注
十	窗台台面	m	2	220	440	大理石
	橱柜	m	6	1600	9600	成品地柜加吊柜
	门及门套	项	1	1680	1680	订制成品复合实木门
	门锁及门吸	项	1	330	330	成品门锁及门吸
十一	其他				9970.8	
	电人工	m^2	157.4	15	2361	电路敷设人工，含开槽、分槽、布线管，不含灯具、插座安装
	电辅料	m^2	157.4	5	787	伟星线管及管件
	电主材	m^2	157.4	22	3462.8	红旗双益4m^2、2.5m^2、1.5m^2多股铜芯线。秋叶原网线、闭路线。联塑线管及管件。不含强弱电底盒及面板
	水（一卫一厨）	项	1	1200	1200	含冷热水管、管件。不负责移改暖气，天然气，不含煤气、监控等特种安装和下水改造。工程验收后，如发生渗漏水现象，只负责维修，不负责其他赔偿。不含穿墙打孔。负责维修，由于装修质量造成的要承担赔偿
	下水改造	项	1	260	260	PVC管材及人工
	垃圾清运费	项	1	600	600	（1）三楼以上每层加50元。（2）装修垃圾负责从楼上运到小区指定地点，不包含垃圾外运费用。（3）如小区内电梯可将材料直接运至所需楼层，按六层计算，电梯使用费由甲方（业主）承担
	材料搬运费	项	1	1300	1300	（1）不含甲供材料搬运；（2）如小区内不能使用电梯，按实际楼层计算；（3）如小区内电梯可将材料直接运至所需楼层，使用电梯使用费由甲方承担
十二	工程总造价				105467.3	

十三、工程补充说明

（1）此报价不含物业管理处所收任何费用（各种物业押金、质保金等），此项费用由业主自行承担，如因违规施工而造成的违章处罚由公司负责。

（2）此报价不含税金，此项费用由业主自行承担。

（3）施工中如有增加或减少项目，按照增减项目及数量的变更单据实结算。增项增管理费，减项不减管理费。

续表

预算表3（高档）

编号	项目名称	单位	数量	单价	合计	材料备注
一	过道				3349.1	
	顶面乳胶漆（立邦五合一）	m^2	4	55	220	（1）满刮腻子三遍，打磨平整。（2）涂刷单色乳胶漆三遍，每遍打磨一次。（3）每增加一色增加调色5元/m^2。（4）特殊地方工具不能刷到的以刷白为准
	墙面找平	m^2	11.1	29	321.9	华新32.5号水泥/中粗砂、人工费用
	墙面壁纸	m^2	11.1	168	1864.8	木龙骨框架、石膏板、壁纸、烤漆玻璃
	实木复合木地板	m^2	4	198	792	实木复合木地板、辅料、人工费用
	踢脚线	m	4.7	32	150.4	成品踢脚线及辅料，包含安装费用
二	起居室				28506.1	
	顶面乳胶漆（立邦五合一）	m^2	47.7	65	3100.5	（1）满刮腻子三遍，打磨平整。（2）涂刷单色乳胶漆三遍，每遍打磨一次。（3）每增加一色增加调色5元/m^2。（4）特殊地方工具不能刷到的以刷白为准
	墙面找平	m^2	43	29	1247	华新32.5号水泥/中粗砂、人工费用
	墙面壁纸	m^2	43	168	7224	木龙骨框架、石膏板、壁纸、烤漆玻璃
	吊顶	m^2	23.1	145	3349.5	石膏板、30mm×40mm木龙骨
	地面找平	m^2	28.1	29	814.9	华新32.5号水泥/中粗砂、人工费用
	实木复合木地板	m^2	28.1	198	5563.8	实木复合木地板、辅料、人工费用
	踢脚线	m	13.7	32	438.4	成品踢脚线及辅料，包含安装费用
	电视背景墙	项	1	3250	3250	木龙骨框架、细木工板、白色混油、石材、水银镜
	电视柜	项	1	2980	2980	订制成品实木复合电视柜
	隔断	项	1	538	538	细木工板框架，澳松板饰面，双面白色混油、水银镜

续表

编号	项目名称	单位	数量	单价	合计	材料备注
三	阳台				6530	
	顶面乳胶漆（立邦五合一）	m^2	8	55	440	（1）满刮腻子三遍，打磨平整。（2）涂刷单色乳胶漆三遍，每遍打磨一次。（3）每增加一色增加调色5元/m^2。（4）特殊地方工具不能刷到的以刷白为准
	吊顶	m^2	11.6	125	1450	石膏板、30mm×40mm木龙骨
	地面找平	m^2	8	29	232	华新32.5号水泥/中粗砂、人工费用
	地台	m^2	8	150	1200	细木工板、辅料、人工费
	实木复合木地板	m^2	8	198	1584	实木复合木地板、辅料、人工费用
	墙砖	m^2	11.6	140	1624	（1）人工、水泥、砂浆。（2）200mm×300mm砖。（3）拼花、小砖及马赛克则按68元/m^2计算。（4）尺寸范围以最长边计算
四	餐厅				10933.6	
	顶面乳胶漆（立邦五合一）	m^2	12	65	780	（1）满刮腻子三遍，打磨平整。（2）涂刷单色乳胶漆三遍，每遍打磨一次。（3）每增加一色增加调色5元/m^2。（4）特殊地方工具不能刷到的以刷白为准
	墙面找平	m^2	15.8	29	458.2	华新32.5号水泥/中粗砂、人工费用
	墙面壁纸	m^2	15.8	155	2449	木龙骨框架、石膏板、壁纸、烤漆玻璃
	餐厅背景墙	项	1	1650	1450	木龙骨框架、石膏板、烤漆玻璃
	吊顶	m^2	12	145	1740	石膏板、30mm×40mm木龙骨、烤漆玻璃
	地面找平	m^2	12	29	348	华新32.5号水泥/中粗砂、人工费用
	实木复合木地板	m^2	12	198	2376	实木复合木地板、辅料、人工费用
	踢脚线	m	5.7	32	182.4	成品踢脚线及辅料，包含安装费用
	鞋柜	项	1	1150	1150	订制成品实木复合鞋柜

续表

编号	项目名称	单位	数量	单价	合计	材料备注
五	主卧				24956	
	顶面乳胶漆（立邦五合一）	m^2	10.8	55	594	（1）满刮腻子三遍，打磨平整。（2）涂刷单色乳胶漆三遍，每遍打磨一次。（3）每增加一色增加调色5元/m^2。（4）特殊地方工具不能刷到的以刷白为准
	墙面找平	m^2	44.5	29	1290.5	华新32.5号水泥/中粗砂、人工费用
	墙面壁纸	m^2	44.5	155	6897.5	木龙骨框架、石膏板、壁纸、烤漆玻璃
	吊顶	m^2	10.8	125	1350	石膏板、30mm×40mm木龙骨
	地面找平	m^2	19.8	29	574.2	华新32.5号水泥/中粗砂、人工费用
	实木复合木地板	m^2	19.8	198	3920.4	实木复合木地板、辅料、人工费用
	踢脚线	m	16.7	32	534.4	成品踢脚线及辅料，包含安装费用
	床头背景墙	项	1	1250	1450	木龙骨框架、石膏板、壁纸、石材
	门及门套	项	1	2680	2680	订制成品复合实木门
	门锁及门吸	项	1	330	330	成品门锁及门吸
	窗套	m	5	236	1180	订制成品免漆窗套
	窗台台面	m	2.5	298	745	大理石
	一体式衣柜	m^2	11	310	3410	细木工板框架，澳松板饰面、水银镜、双面白色混油
六	客卧				17899.4	
	顶面乳胶漆（立邦五合一）	m^2	14.2	55	781	（1）满刮腻子三遍，打磨平整。（2）涂刷单色乳胶漆三遍，每遍打磨一次。（3）每增加一色增加调色5元/m^2。（4）特殊地方工具不能刷到的以刷白为准
	墙面找平	m^2	35	29	1015	华新32.5号水泥/中粗砂、人工费用
	墙面壁纸	m^2	35	128	4480	木龙骨框架、石膏板、壁纸、烤漆玻璃
	地面找平	m^2	14.2	29	411.8	华新32.5号水泥/中粗砂、人工费用
	强化复合木地板	m^2	14.2	198	2811.6	强化复合木地板、辅料、人工费用

续表

编号	项目名称	单位	数量	单价	合计	材料备注
六	踢脚线	m	14.5	32	464	成品踢脚线及辅料，包含安装费用
	门及门套	项	1	2680	2680	订制成品复合实木门
	门锁及门吸	项	1	330	330	成品门锁及门吸
	窗套	m	5	236	1180	订制成品免漆窗套
	窗台台面	m	2	298	596	大理石
	衣柜	项	1	3150	3150	订制成品实木复合衣柜
七	儿童房				15269.5	
	顶面乳胶漆（立邦五合一）	m^2	13	55	715	（1）满刮腻子三遍，打磨平整。（2）涂刷单色乳胶漆三遍，每遍打磨一次。（3）每增加一色增加调色5元/m^2。（4）特殊地方工具不能刷到的以刷白为准
	墙面找平	m^2	33	29	957	华新32.5号水泥/中粗砂、人工费用
	墙面壁纸	m^2	33	145	4785	木龙骨框架、石膏板、壁纸、烤漆玻璃
	地面找平	m^2	13	29	377	华新32.5号水泥/中粗砂、人工费用
	强化复合木地板	m^2	13	118	1534	强化复合木地板、辅料、人工费用
	踢脚线	m	14	32	448	成品踢脚线及辅料，包含安装费用
	门及门套	项	1	2680	2680	订制成品复合实木门
	门锁及门吸	项	1	330	330	成品门锁及门吸
	窗套	m	5	236	1180	订制成品免漆窗套
	窗台台面	m	2	298	596	大理石
	书桌	项	1	1180	1180	订制成品实木复合书桌
	床头储物柜	m	1.5	325	487.5	细木工板框架，澳松板饰面，白色混油、水银镜

续表

编号	项目名称	单位	数量	单价	合计	材料备注
八	主卫				14580.7	
	防水处理	m^2	7.1	55	390.5	（1）如客户取消此项，则厨卫漏水及造成的一切损失与公司无关。（2）按防水施工要求清理基层并找平。（3）GSA-100高强防水涂料二遍，涂刷均匀，按展开面积计算（防水层沿墙面向上抬高0.3m）。（4）做闭水必须达到48小时以上
	地砖	m^2	7.1	216	1533.6	（1）人工、水泥、砂浆。（2）300mm×300mm砖。（3）拼花、小砖及马赛克则按68元/m^2计算。（4）尺寸范围以最长边计算
	墙砖	m^2	34.6	189	6539.4	（1）人工、水泥、砂浆。（2）200mm×300mm砖。（3）拼花、小砖及马赛克则按68元/m^2计算。（4）尺寸范围以最长边计算
	铝扣板吊顶	m^2	7.1	312	2215.2	轻钢龙骨框架，集成铝扣板
	门及门套	项	1	2680	2680	订制成品复合实木门
	门锁及门吸	项	1	330	330	成品门锁及门吸
	内门	项	1	345	345	铝合金框架、磨砂玻璃
	门锁及门吸	项	1	235	235	成品门锁及门吸
	包管道	m	2.6	120	312	（1）人工、水泥、砂浆。（2）200mm×300mm砖。（3）拼花、小砖及马赛克则按68元/m^2计算。（4）尺寸范围以最长边计算
九	次卫				14268.7	
	防水处理	m^2	7.1	55	390.5	（1）如客户取消此项，则厨卫漏水及造成的一切损失与公司无关。（2）按防水施工要求清理基层并找平。（3）GSA-100高强防水涂料二遍，涂刷均匀，按展开面积计算（防水层沿墙面向上抬高0.3m）。（4）做闭水必须达到48小时以上
	地砖	m^2	7.1	216	1533.6	（1）人工、水泥、砂浆。（2）300mm×300mm砖。（3）拼花、小砖及马赛克则按68元/m^2计算。（4）尺寸范围以最长边计算
	墙砖	m^2	34.6	189	6539.4	（1）人工、水泥、砂浆。（2）200mm×300mm砖。（3）拼花、小砖及马赛克则按68元/m^2计算。（4）尺寸范围以最长边计算
	铝扣板吊顶	m^2	7.1	312	2215.2	轻钢龙骨框架，集成铝扣板
	门及门套	项	1	2680	2680	订制成品复合实木门

续表

编号	项目名称	单位	数量	单价	合计	材料备注
九	门锁及门吸	项	1	330	330	成品门锁及门吸
	内门	项	1	345	345	铝合金框架、磨砂玻璃
	门锁及门吸	项	1	235	235	成品门锁及门吸
十	厨房				24215.6	
	地砖	m^2	7	186	1302	（1）人工、水泥、砂浆。（2）300mm×300mm砖。（3）拼花、小砖及马赛克则按68元/m^2计算。（4）尺寸范围以最长边计算
	墙砖	m^2	14.2	158	2243.6	（1）人工、水泥、砂浆。（2）200mm×300mm砖。（3）拼花、小砖及马赛克则按68元/m^2计算。（4）尺寸范围以最长边计算
	铝扣板吊顶	m^2	7	312	2184	轻钢龙骨框架，集成铝扣板
	窗台台面	m	2	298	596	大理石
	橱柜	m	6	2480	14880	成品地柜加吊柜
	门及门套	项	1	2680	2680	订制成品复合实木门
	门锁及门吸	项	1	330	330	成品门锁及门吸
十一	其他				9970.8	
	电人工	m^2	157.4	15	2361	电路敷设人工，含开槽、分槽、布线管，不含灯具、插座安装
	电辅料	m^2	157.4	5	787	伟星线管及管件
	电主材	m^2	157.4	22	3462.8	红旗双益4m^2、2.5m^2、1.5m^2多股铜芯线。秋叶原网线、闭路线。联塑线管及管件。不含强弱电底盒及面板
	水（一卫一厨）	项	1	1200	1200	含冷热水管、管件。不负责移改暖气，天然气，不含煤气、监控等特种安装和下水改造。工程验收后，如发生渗漏水现象，只负责维修，不负责其他赔偿。不含穿墙打孔。负责维修，由于装修质量造成的要承担赔偿
	下水改造	项	1	260	260	PVC管材及人工
	垃圾清运费	项	1	600	600	（1）三楼以上每层加50元。（2）装修垃圾负责从楼上运到小区指定地点，不包含垃圾外运费用。（3）如小区内电梯可将材料直接运至所需楼层，按六层计算，电梯使用费由甲方（业主）承担
	材料搬运费	项	1	1300	1300	（1）不含甲供材料搬运；（2）如小区内不能使用电梯，按实际楼层计算；（3）如小区内电梯可将材料直接运至所需楼层，使用电梯使用费由甲方承担
十二	工程总造价				170479.5	

十三、工程补充说明

（1）此报价不含物业管理处所收任何费用（各种物业押金、质保金等），此项费用由业主自行承担，如因违规施工而造成的违章处罚由公司负责。

（2）此报价不含税金，此项费用由业主自行承担。

（3）施工中如有增加或减少项目，按照增减项目及数量的变更单据实结算。增项增管理费，减项不减管理费。

别墅的三档预算报价

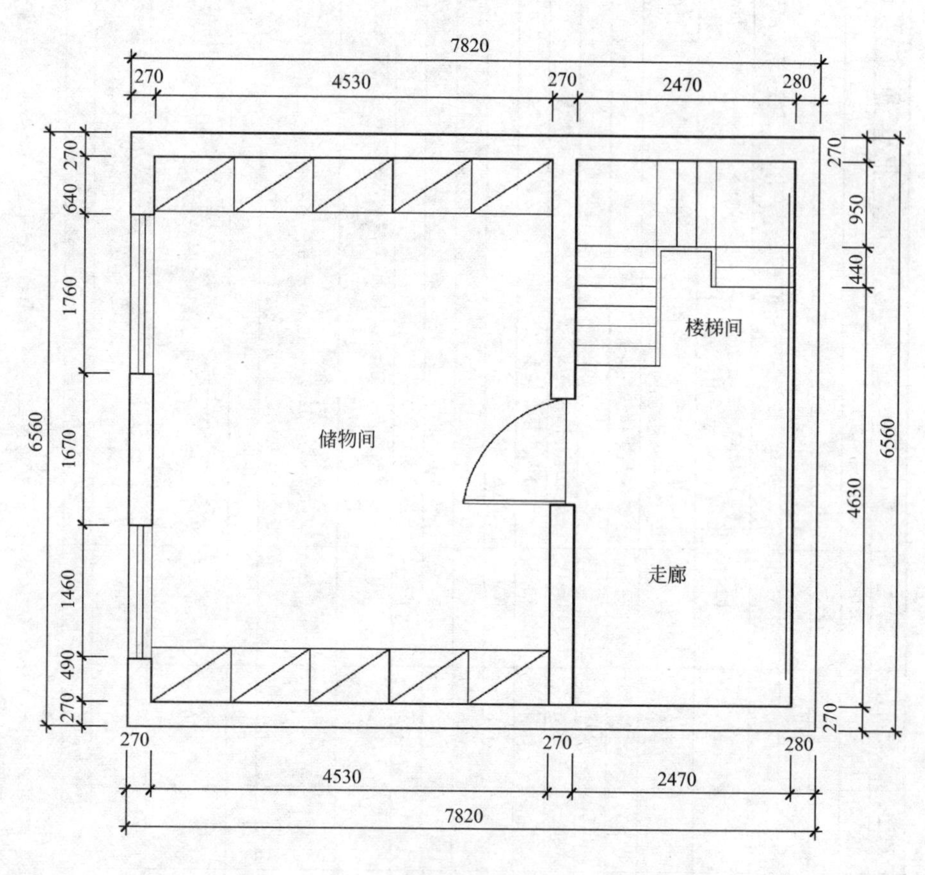

负一层平面图

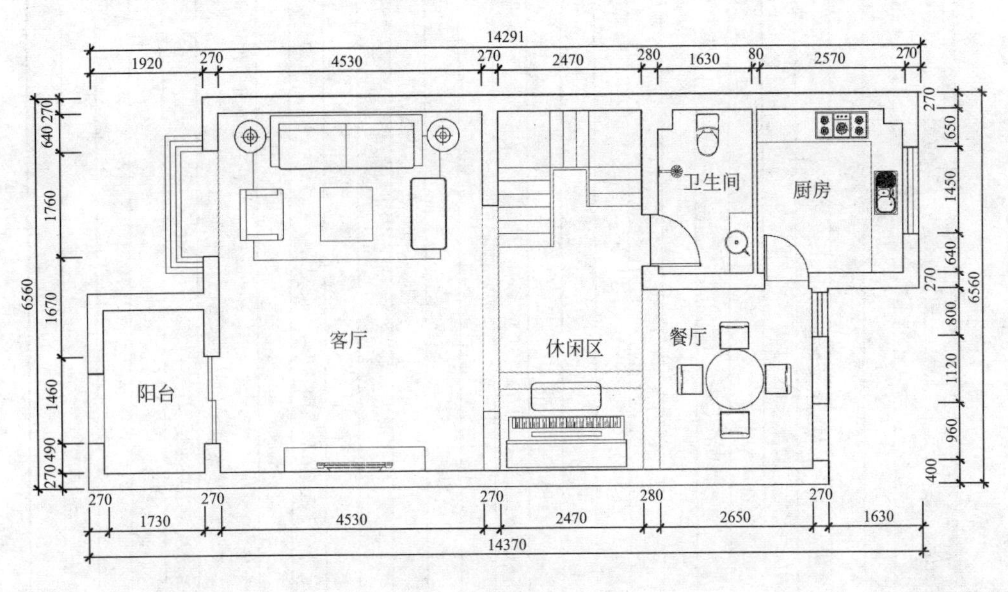
14291
1920
270
4530
270
2470
280
1630
80
2570
270
卫生间
厨房
客厅
休闲区
餐厅
阳台
6560
270
640
1760
1670
1460
490
270
650
1450
640
800
1120
960
400
1730
2650
14370

一层平面图

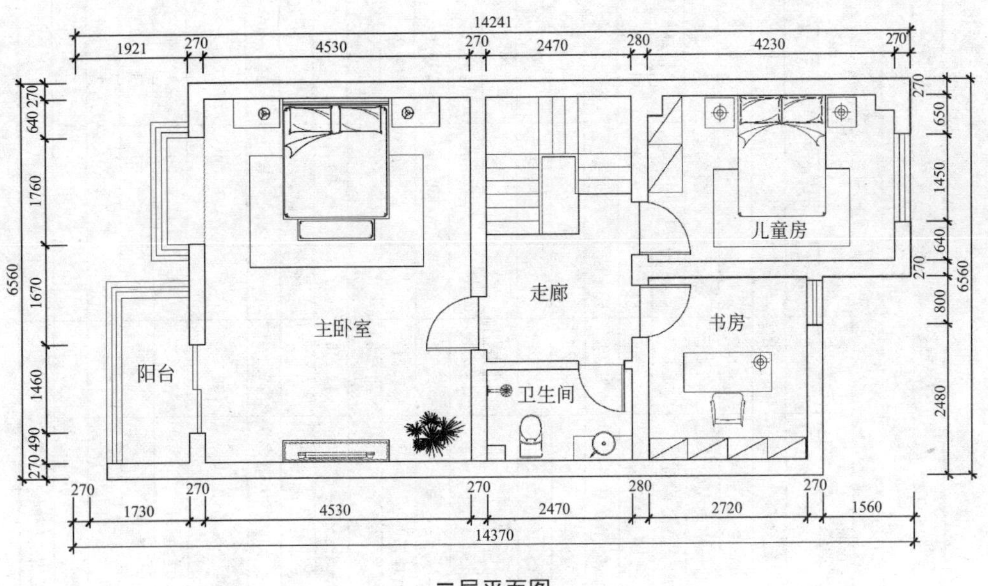
14241
1921
270
4530
270
2470
280
4230
270
儿童房
走廊
主卧室
书房
卫生间
阳台
6560
640
1760
1670
1460
490
650
1450
800
2480
1730
2720
1560
14370

二层平面图

预算表1（经济）

序号	项目	工程量	单位	综合单价	合价	备注
一楼						
一、客厅						
1	墙顶面找平	69.20	m^2	5.00	346.00	粉刷石膏
2	墙面漆（立邦净味超白）	41.90	m^2	26.00	1089.40	披刮腻子2 ~ 3遍，乳胶漆面漆2遍
3	顶面漆（立邦净味超白）	27.30	m^2	26.00	709.80	披刮腻子2 ~ 3遍，乳胶漆面漆2遍
4	石膏线	22.00	m^2	25.00	550.00	双层石膏板条刷白色乳胶漆
5	电视墙造型	7.40	m^2	320.00	2368.00	大芯板基层水曲柳搓色工艺
6	电视墙造型茶镜	0.81	m^2	180.00	145.80	定做成品
7	隔断造型	2.30	m^2	380.00	874.00	
8	10mm钢化清玻璃	2.30	m^2	180.00	414.00	定做成品
9	地面砖	27.30	m^2	110.00	3003.00	800mm × 800mm地面砖
10	地面砖铺装辅料+人工	27.30	m^2	45.00	1228.50	
11	地面砖踢脚线	15.00	m^2	25.00	375.00	110mm高的踢脚线
12	踢脚线铺装辅料+安装	15.00	m^2	25.00	375.00	
13	窗台大理石	1.32	m^2	180.00	237.60	
14	窗台大理石磨边+安装	1.76	m	45.00	79.20	
二、走廊						
1	墙顶面找平	17.30	m^2	5.00	86.50	粉刷石膏
2	墙面漆（立邦净味超白）	7.00	m^2	26.00	182.00	披刮腻子2 ~ 3遍，乳胶漆面漆2遍
3	顶面漆（立邦净味超白）	10.30	m^2	26.00	267.80	披刮腻子2 ~ 3遍，乳胶漆面漆2遍
4	石膏板吊顶	8.70	m^2	125.00	1087.50	轻钢龙骨框架、9厘石膏板贴面、按公司工艺施工（详见合同附件），不含批灰及乳胶漆、布线及灯具安装另计；按投影面积计算
5	包管道	1.00	根	320.00	320.00	木龙骨石膏板基层刷乳胶漆
6	地面砖	10.30	m^2	110.00	1133.00	800mm × 800mm地面砖
7	地面砖铺装辅料+人工	10.30	m^2	45.00	463.50	
8	地面砖踢脚线	7.00	m^2	25.00	175.00	110mm高的踢脚线
9	踢脚线铺装辅料+安装	7.00	m^2	25.00	175.00	

续表

序号	项目	工程量	单位	综合单价	合价	备注
三、餐厅						
1	石膏线	9.00	m	25.00	225.00	双层石膏板条刷白色乳胶漆
2	地面砖	8.80	m^2	110.00	968.00	800mm×800mm地面砖
3	地面砖铺装辅料+人工	8.80	m^2	45.00	396.00	
4	地面砖踢脚线	12.00	m^2	25.00	300.00	110mm高的踢脚线
5	踢脚线铺装辅料+安装	12.00	m^2	25.00	300.00	
四、外阳台						
1	墙顶面找平	14.84	m^2	5.00	74.20	粉刷石膏
2	墙面漆（立邦净味超白）	10.10	m^2	26.00	262.60	披刮腻子2～3遍，乳胶漆面漆2遍
3	顶面漆（立邦净味超白）	4.74	m^2	26.00	123.24	披刮腻子2～3遍，乳胶漆面漆2遍
4	地面砖	4.74	m^2	110.00	521.40	300mm×300mm的防滑砖
5	地面砖铺装辅料+人工	4.74	m^2	45.00	213.30	
6	地面砖铺装辅料+人工	4.74	m^2	45.00	213.30	
7	推拉门套	12.50	m	105.00	1312.50	
8	推拉门	9.60	m^2	245.00	2352.00	
五、厨房						
1	集成吊顶	6.90	m^2	125.00	862.50	轻钢龙骨骨架，铝扣板饰面
2	地面防滑砖	6.90	m^2	125.00	862.50	300mm×300mm的防滑砖
3	地面砖铺装辅料+人工费	6.90	m^2	26.00	179.40	
4	墙面砖	25.00	m^2	110.00	2750.00	300mm×450mm的砖
5	墙面砖铺装辅料+人工费	25.00	m^2	45.00	1125.00	
6	防水处理	15.00	m^2	45.00	675.00	
7	门加套	1.00	套	1350.00	1350.00	
8	门锁门吸合页	1.00	套	210.00	210.00	
六、卫生间						
1	集成吊顶	4.50	m^2	125.00	562.50	轻钢龙骨骨架，铝扣板饰面
2	地面防滑砖	4.50	m^2	125.00	562.50	300mm×300mm的防滑砖
3	地面砖铺装辅料+人工费	18.40	m^2	26.00	478.40	
4	墙面砖	18.40	m^2	110.00	2024.00	300mm×450mm的砖

续表

序号	项目	工程量	单位	综合单价	合价	备注
六、卫生间						
5	墙面砖铺装辅料+人工费	21.00	m²	45.00	945.00	
6	防水处理	12.00	m²	45.00	540.00	
7	门加套	1.00	套	1350.00	1350.00	
8	门锁门吸合页	1.00	套	210.00	210.00	
二楼						
一、主卧室						
1	墙顶面找平	52.90	m²	5.00	264.50	粉刷石膏
2	墙面漆（立邦净味超白）	40.67	m²	26.00	1057.42	披刮腻子2 ~ 3遍，乳胶漆面漆2遍
3	墙面基层处理	12.23	m²	20.00	244.60	披刮腻子2 ~ 3遍
4	顶面漆（立邦净味超白）	27.30	m²	26.00	709.80	披刮腻子2 ~ 3遍，乳胶漆面漆2遍
5	石膏线	22.00	m	25.00	550.00	双层石膏板条刷白色乳胶漆
6	壁纸	3.00	卷	165.00	495.00	
7	壁纸胶+基膜	3.00	卷	25.00	75.00	
8	贴壁纸人工费	3.00	卷	25.00	75.00	
9	地面砖	27.30	m²	110.00	3003.00	800mm×800mm地面砖
10	地面砖铺装辅料+人工	27.30	m²	45.00	1228.50	
11	地面砖踢脚线	19.00	m²	25.00	475.00	110mm高的踢脚线
12	踢脚线铺装辅料+安装	19.00	m²	25.00	475.00	
13	门加套	1.00	套	1350.00	1350.00	
14	门锁门吸合页	1.00	套	210.00	210.00	
15	窗台大理石	1.32	m²	180.00	237.60	
16	窗台大理石磨边+安装	1.76	m	45.00	79.20	
二、外阳台						
1	墙顶面找平	14.84	m²	5.00	74.20	粉刷石膏
2	墙面漆（立邦净味超白）	10.10	m²	26.00	262.60	披刮腻子2 ~ 3遍，乳胶漆面漆2遍
3	顶面漆（立邦净味超白）	4.74	m²	26.00	123.24	披刮腻子2 ~ 3遍，乳胶漆面漆2遍
4	地面砖	4.74	m²	110.00	521.40	300mm×300mm的防滑砖
5	地面砖铺装辅料+人工	4.74	m²	45.00	213.30	
6	地面砖铺装辅料+人工	4.74	m²	45.00	213.30	

续表

序号	项目	工程量	单位	综合单价	合价	备注
二、外阳台						
7	推拉门套	12.50	m	105.00	1312.50	
8	推拉门	9.60	m^2	245.00	2352.00	
三、儿童房						
1	墙顶面找平	45.60	m^2	5.00	228.00	粉刷石膏
2	墙面漆（立邦净味超白）	34.00	m^2	26.00	884.00	批刮腻子2～3遍，乳胶漆面漆2遍
3	顶面漆（立邦净味超白）	11.60	m^2	26.00	301.60	批刮腻子2～3遍，乳胶漆面漆2遍
4	衣橱柜体	4.32	m^2	650.00	2808.00	杉木板柜体
5	包管道	1.00	根	280.00	280.00	木龙骨石膏板基层刷乳胶漆
6	石膏线	14.00	m	25.00	350.00	双层石膏板条刷白色乳胶漆
7	地面砖	11.60	m^2	110.00	1276.00	800mm×800mm地面砖
8	地面砖铺装辅料+人工	11.60	m^2	45.00	522.00	
9	地面砖踢脚线	12.00	m^2	25.00	300.00	110mm高的踢脚线
10	踢脚线铺装辅料+安装	12.00	m^2	25.00	300.00	
11	门加套	1.00	套	1350.00	1350.00	
12	门锁门吸合页	1.00	套	210.00	210.00	
13	窗台大理石	0.70	m^2	180.00	126.00	
14	窗台大理石磨边+安装	1.45	m	45.00	65.25	
四、书房						
1	墙顶面找平	37.65	m^2	5.00	188.25	粉刷石膏
2	墙面漆（立邦净味超白）	29.45	m^2	26.00	765.70	批刮腻子2～3遍，乳胶漆面漆2遍
3	顶面漆（立邦净味超白）	8.20	m^2	26.00	213.20	批刮腻子2～3遍，乳胶漆面漆2遍
4	石膏线	12.00	m	25.00	300.00	双层石膏板条刷白色乳胶漆
5	包地暖	1.00	项	900.00	900.00	大芯板柜体
6	地面砖	8.20	m^2	110.00	902.00	800mm×800mm地面砖
7	地面砖铺装辅料+人工	8.20	m^2	45.00	369.00	
8	地面砖踢脚线	11.00	m^2	25.00	275.00	110mm高的踢脚线
9	踢脚线铺装辅料+安装	11.00	m^2	25.00	275.00	
10	门加套	1.00	套	1350.00	1350.00	
11	门锁门吸合页	1.00	套	210.00	210.00	

续表

序号	项目	工程量	单位	综合单价	合价	备注
四、书房						
12	窗台大理石	0.24	m^2	180.00	43.20	
13	窗台大理石磨边+安装	0.80	m	45.00	36.00	
五、卫生间						
1	集成吊顶	3.70	m^2	125.00	462.50	轻钢龙骨骨架，铝扣板饰面
2	地面防滑砖	3.70	m^2	125.00	462.50	300mm×300mm的防滑砖
3	地面砖铺装辅料+人工费	3.70	m^2	55.00	203.50	
4	墙面砖	15.40	m^2	110.00	1694.00	300mm×450mm的砖
5	墙面砖铺装辅料+人工费	15.40	m^2	45.00	693.00	
6	防水处理	12.00	m^2	65.00	780.00	
7	门加套	1.00	套	2450.00	2450.00	
8	门锁门吸合页	1.00	套	320.00	320.00	
负一楼						
一、走廊						
1	墙面漆（立邦净味超白）	40.67	m^2	26.00	1057.42	披刮腻子2～3遍，乳胶漆面漆2遍
2	顶面漆（立邦净味超白）	27.00	m^2	26.00	702.00	披刮腻子2～3遍，乳胶漆面漆2遍
3	隔断	3.20	m^2	400.00	1280.00	
4	装饰柜	1.20	m^2	500.00	600.00	大芯板柜体
5	楼梯底储藏柜柜门	1.41	m^2	320.00	451.20	大芯板柜体
6	地面砖	27.00	m^2	110.00	2970.00	800mm×800mm地面砖
7	地面砖铺装辅料+人工	27.00	m^2	45.00	1215.00	
8	地面砖踢脚线	21.00	m^2	25.00	525.00	110mm高的踢脚线
9	踢脚线铺装辅料+安装	21.00	m^2	25.00	525.00	
二、储物室						
1	墙面漆（立邦净味超白）	25.33	m^2	26.00	658.58	披刮腻子2～3遍，乳胶漆面漆2遍
2	顶面漆（立邦净味超白）	27.30	m^2	26.00	709.80	披刮腻子2～3遍，乳胶漆面漆2遍
3	衣橱柜体	20.60	m^2	650.00	13390.00	杉木板柜体
4	封门洞	1.60	m^2	180.00	288.00	
5	地面砖	27.00	m^2	110.00	2970.00	800mm×800mm地面砖
6	地面砖铺装辅料+人工	27.00	m^2	45.00	1215.00	

续表

序号	项目	工程量	单位	综合单价	合价	备注
二、储物室						
7	地面砖踢脚线	21.00	m^2	25.00	525.00	110mm高的踢脚线
8	踢脚线铺装辅料+安装	21.00	m^2	25.00	525.00	
9	门加套	1.00	套	1350.00	1350.00	
10	门锁门吸合页	1.00	套	210.00	210.00	
11	窗台大理石	0.24	m^2	180.00	43.20	
12	窗台大理石磨边+安装	0.80	m	45.00	36.00	
楼梯间						
1	墙面漆（立邦净味超白）	56.21	m^2	26.00	1461.46	披刮腻子2～3遍，乳胶漆面漆2遍
2	顶面漆（立邦净味超白）	10.80	m^2	26.00	280.80	披刮腻子2～3遍，乳胶漆面漆2遍
3	地面砖	10.80	m^2	110.00	1188.00	800mm×800mm地面砖
4	地面砖铺装辅料+人工	10.80	m^2	45.00	486.00	
5	地面砖踢脚线	11.00	m^2	25.00	275.00	110mm高的踢脚线
6	踢脚线铺装辅料+安装	11.00	m^2	25.00	275.00	
7	门加套	1.00	套	1350.00	1350.00	
8	门锁门吸合页	1.00	套	210.00	210.00	
合计：					108118.26	
其他						
1	安装灯具	1.00	项	500.00	500.00	甲供灯具，不包含客厅主灯及复杂水晶灯
2	垃圾清运	1.00	项	280.00	280.00	运到物业指定地点
小计：					780.00	
工程直接费用合计：（元）						108898.26
工程管理费：直接费×12%						13067.79
工程总造价：（元）						121966.05

注意事项：（1）为了维护您的利益，请您不要接受任何的口头承诺。（2）计算乳胶漆面积和墙砖面积时，门窗洞口面积减半计算，以上墙漆报价不含特殊墙面处理。（3）实际发生项目若与报价单不符，一切以实际发生为准。（4）水电施工按实际发生计算（算在增减项内）。电路改造：明走管20元/m；砖墙暗走管28元/m；混凝土暗走管30元/m。WAGO接线端子5元/个。水路改造：PP-R明走管88.4元/m；暗走管108.5元/m。新开槽布底盒4元/个，原有底盒更换2元/个（西蒙）。水电路工程不打折。

预算表2（舒适）

序号	项目	工程量	单位	综合单价	合价	备注
一楼						
一、客厅						
1	墙顶面找平	69.20	m^2	12.00	830.40	粉刷石膏
2	墙面漆（立邦三合一）	41.90	m^2	45.00	1885.50	披刮腻子2～3遍，乳胶漆面漆2遍
3	顶面漆（立邦三合一）	27.30	m^2	45.00	1228.50	披刮腻子2～3遍，乳胶漆面漆2遍
4	石膏板吊顶	8.70	m^2	165.00	1435.50	轻钢龙骨框架、9厘石膏板贴面、按公司工艺施工（详见合同附件），不含批灰及乳胶漆、布线及灯具安装另计；按投影面积计算
5	电视墙造型	7.40	m^2	450.00	3330.00	大芯板基层水曲柳搓色工艺
6	电视墙砂岩基层	5.00	m^2	125.00	625.00	细木工板基层
7	电视墙砂岩模块	5.00	m^2	350.00	1750.00	300mm×300的成品砂岩模块
8	隔断造型	2.30	m^2	450.00	1035.00	细木工板基层，澳松板饰面，喷白色混油
9	18mm白色混油花格	2.30	m^2	380.00	874.00	定做成品
10	沙发背景石膏板造型	6.00	m^2	165.00	990.00	木龙骨骨架，石膏板饰面
11	地面砖	27.30	m^2	365.00	9964.50	800mm×800mm地面砖
12	地面砖铺装辅料+人工	27.30	m^2	55.00	1501.50	
13	地面砖踢脚线	15.00	m	25.00	375.00	110mm高的踢脚线
14	踢脚线铺装辅料+安装	15.00	m	21.00	315.00	
15	窗台大理石	1.32	m^2	365.00	481.80	
16	窗台大理石磨边+安装	1.76	m	85.00	149.60	
二、走廊						
1	墙顶面找平	17.30	m^2	12.00	207.60	粉刷石膏
2	墙面漆（立邦三合一）	7.00	m^2	45.00	315.00	披刮腻子2～3遍，乳胶漆面漆2遍
3	顶面漆（立邦三合一）	10.30	m^2	45.00	463.50	披刮腻子2～3遍，乳胶漆面漆2遍
4	石膏板吊顶	8.70	m^2	165.00	1435.50	轻钢龙骨框架、9厘石膏板贴面、按公司工艺施工（详见合同附件），不含批灰及乳胶漆、布线及灯具安装另计；按投影面积计算
5	包管道	1.00	根	320.00	320.00	木龙骨石膏板基层刷乳胶漆
6	地面砖	10.30	m^2	365.00	3759.50	800mm×800mm地面砖
7	地面砖铺装辅料+人工	10.30	m^2	55.00	566.50	
8	地面砖踢脚线	7.00	m^2	25.00	175.00	110mm高的踢脚线
9	踢脚线铺装辅料+安装	7.00	m^2	21.00	147.00	

续表

序号	项目	工程量	单位	综合单价	合价	备注
三、餐厅						
1	石膏线	9.00	m	45.00	405.00	120mm欧式石膏线
2	地面砖	8.80	m^2	365.00	3212.00	800mm×800mm地面砖
3	地面砖铺装辅料+人工	8.80	m^2	55.00	484.00	
4	地面砖踢脚线	12.00	m^2	25.00	300.00	110mm高的踢脚线
5	踢脚线铺装辅料+安装	12.00	m^2	21.00	252.00	
6	酒柜	4.50	m^2	600.00	2700.00	细木工板框架，澳松板饰面，喷白色混油
四、外阳台						
1	墙顶面找平	14.84	m^2	12.00	178.08	粉刷石膏
2	墙面漆（立邦三合一）	10.10	m^2	45.00	454.50	披刮腻子2～3遍，乳胶漆面漆2遍
3	顶面漆（立邦三合一）	4.74	m^2	45.00	213.30	披刮腻子2～3遍，乳胶漆面漆2遍
4	地面砖	4.74	m^2	365.00	1730.10	300mm×300mm的防滑砖
5	地面砖铺装辅料+人工	4.74	m^2	55.00	260.70	
6	地面砖铺装辅料+人工	4.74	m^2	55.00	260.70	
7	推拉门套	12.50	m	165.00	2062.50	
8	推拉门	9.60	m^2	360.00	3456.00	
五、厨房						
1	集成吊顶	6.90	m^2	380.00	2622.00	轻钢龙骨骨架，铝扣板饰面
2	地面防滑砖	6.90	m^2	285.00	1966.50	300mm×300mm的防滑砖
3	地面砖铺装辅料+人工费	6.90	m^2	55.00	379.50	
4	墙面砖	25.00	m^2	235.00	5875.00	300mm×450mm的砖
5	墙面砖铺装辅料+人工费	25.00	m^2	55.00	1375.00	
6	防水处理	15.00	m^2	65.00	975.00	
7	门加套	1.00	套	2450.00	2450.00	
8	门锁门吸合页	1.00	套	320.00	320.00	
六、卫生间						
1	集成吊顶	4.50	m^2	380.00	1710.00	轻钢龙骨骨架，铝扣板饰面
2	地面防滑砖	4.50	m^2	285.00	1282.50	300mm×300mm的防滑砖
3	地面砖铺装辅料+人工费	18.40	m^2	55.00	1012.00	
4	墙面砖	18.40	m^2	235.00	4324.00	300mm×450mm的砖

续表

序号	项目	工程量	单位	综合单价	合价	备注
六、卫生间						
5	墙面砖铺装辅料+人工费	21.00	m^2	55.00	1155.00	
6	防水处理	12.00	m^2	65.00	780.00	
7	门加套	1.00	套	2450.00	2450.00	
8	门锁门吸合页	1.00	套	320.00	320.00	
二楼						
一、主卧室						
1	墙顶面找平	52.90	m^2	12.00	634.80	粉刷石膏
2	墙面漆（立邦三合一）	40.67	m^2	45.00	1830.15	批刮腻子2～3遍，乳胶漆面漆2遍
3	墙面基层处理	12.23	m^2	45.00	550.35	批刮腻子2～3遍
4	顶面漆（立邦三合一）	27.30	m^2	45.00	1228.50	批刮腻子2～3遍，乳胶漆面漆2遍
5	石膏线	22.00	m	45.00	990.00	120mm欧式石膏线
6	壁纸	3.00	卷	265.00	795.00	
7	石膏板吊顶	5.90	m^2	165.00	973.50	轻钢龙骨框架、9厘石膏板贴面、按公司工艺施工（详见合同附件），不含批灰及乳胶漆、布线及灯具安装另计；按投影面积计算
8	床头软包造型	5.90	m^2	850.00	5015.00	成品布艺软包
9	灰镜造型	3.00	m^2	165.00	495.00	5mm车边灰镜
10	壁纸胶+基膜	3.00	卷	45.00	135.00	
11	贴壁纸人工费	3.00	卷	25.00	75.00	
12	地面砖	27.30	m^2	365.00	9964.50	800mm×800mm地面砖
13	地面砖铺装辅料+人工	27.30	m^2	55.00	1501.50	
14	地面砖踢脚线	19.00	m^2	25.00	475.00	110mm高的踢脚线
15	踢脚线铺装辅料+安装	19.00	m^2	21.00	399.00	
16	门加套	1.00	套	2450.00	2450.00	
17	门锁门吸合页	1.00	套	320.00	320.00	
18	窗台大理石	1.32	m^2	365.00	481.80	
19	窗台大理石磨边+安装	1.76	m	85.00	149.60	
二、外阳台						
1	墙顶面找平	14.84	m^2	12.00	178.08	粉刷石膏
2	墙面漆（立邦三合一）	10.10	m^2	45.00	454.50	批刮腻子2～3遍，乳胶漆面漆2遍

续表

序号	项目	工程量	单位	综合单价	合价	备注
二、外阳台						
3	顶面漆（立邦三合一）	4.74	m^2	45.00	213.30	披刮腻子2～3遍，乳胶漆面漆2遍
4	地面砖	4.74	m^2	365.00	1730.10	300mm×300mm的防滑砖
5	地面砖铺装辅料+人工	4.74	m^2	55.00	260.70	
6	地面砖铺装辅料+人工	4.74	m^2	55.00	260.70	
7	推拉门套	12.50	m	165.00	2062.50	
8	推拉门	9.60	m^2	360.00	3456.00	
三、儿童房						
1	墙顶面找平	45.60	m^2	12.00	547.20	粉刷石膏
2	墙面漆（立邦三合一）	34.00	m^2	45.00	1530.00	披刮腻子2～3遍，乳胶漆面漆2遍
3	顶面漆（立邦三合一）	11.60	m^2	45.00	522.00	披刮腻子2～3遍，乳胶漆面漆2遍
4	衣橱柜体	4.32	m^2	860.00	3715.20	杉木板柜体
5	推拉门	4.00	m^2	450.00	1800.00	
6	包管道	1.00	根	280.00	280.00	木龙骨石膏板基层刷乳胶漆
7	石膏线	14.00	m	45.00	630.00	120mm欧式石膏线
8	地面砖	11.60	m^2	365.00	4234.00	800mm×800mm地面砖
9	地面砖铺装辅料+人工	11.60	m^2	55.00	638.00	
10	地面砖踢脚线	12.00	m^2	25.00	300.00	110mm高的踢脚线
11	踢脚线铺装辅料+安装	12.00	m^2	21.00	252.00	
12	门加套	1.00	套	2450.00	2450.00	
13	门锁门吸合页	1.00	套	320.00	320.00	
14	窗台大理石	0.70	m^2	365.00	255.50	
15	窗台大理石磨边+安装	1.45	m	85.00	123.25	
四、书房						
1	墙顶面找平	37.65	m^2	12.00	451.80	粉刷石膏
2	墙面漆（立邦三合一）	29.45	m^2	45.00	1325.25	披刮腻子2～3遍，乳胶漆面漆2遍
3	顶面漆（立邦三合一）	8.20	m^2	45.00	369.00	披刮腻子2～3遍，乳胶漆面漆2遍
4	石膏线	12.00	m	45.00	540.00	120mm欧式石膏线
5	包地暖	1.00	项	900.00	900.00	大芯板柜体
6	地面砖	8.20	m^2	365.00	2993.00	800mm×800mm地面砖

续表

序号	项目	工程量	单位	综合单价	合价	备注
四、书房						
7	地面砖铺装辅料+人工	8.20	m^2	55.00	451.00	
8	地面砖踢脚线	11.00	m^2	25.00	275.00	110mm高的踢脚线
9	踢脚线铺装辅料+安装	11.00	m^2	21.00	231.00	
10	门加套	1.00	套	2450.00	2450.00	
11	门锁门吸合页	1.00	套	320.00	320.00	
12	窗台大理石	0.24	m^2	365.00	87.60	
13	窗台大理石磨边+安装	0.80	m	85.00	68.00	
五、卫生间						
1	集成吊顶	3.70	m^2	380.00	1406.00	轻钢龙骨骨架，铝扣板饰面
2	地面防滑砖	3.70	m^2	285.00	1054.50	300mm×300mm的防滑砖
3	地面砖铺装辅料+人工费	3.70	m^2	55.00	203.50	
4	墙面砖	15.40	m^2	235.00	3619.00	300mm×450mm的砖
5	墙面砖铺装辅料+人工费	15.40	m^2	55.00	847.00	
6	防水处理	12.00	m^2	65.00	780.00	
7	门加套	1.00	套	2450.00	2450.00	
8	门锁门吸合页	1.00	套	320.00	320.00	
负一楼						
一、走廊						
1	墙面漆（立邦三合一）	40.67	m^2	45.00	1830.15	批刮腻子2～3遍，乳胶漆面漆2遍
2	顶面漆（立邦三合一）	27.00	m^2	45.00	1215.00	批刮腻子2～3遍，乳胶漆面漆2遍
3	隔断	3.20	m^2	400.00	1280.00	
4	装饰柜	1.20	m^2	500.00	600.00	大芯板柜体
5	楼梯底储藏柜柜门	1.41	m^2	450.00	634.50	大芯板柜体，澳松板饰面，喷白色混油，柜体内贴玻音软片
6	地面砖	27.00	m^2	365.00	9855.00	800mm×800mm地面砖
7	地面砖铺装辅料+人工	27.00	m^2	55.00	1485.00	
8	地面砖踢脚线	21.00	m^2	25.00	525.00	110mm高的踢脚线
9	踢脚线铺装辅料+安装	21.00	m^2	21.00	441.00	
二、储物室						
1	墙面漆（立邦三合一）	25.33	m^2	45.00	1139.85	批刮腻子2～3遍，乳胶漆面漆2遍
2	顶面漆（立邦三合一）	27.30	m^2	45.00	1228.50	批刮腻子2～3遍，乳胶漆面漆2遍

续表

序号	项目	工程量	单位	综合单价	合价	备注
						二、储物室
3	衣橱柜体	20.60	m^2	860.00	17716.00	杉木板柜体
4	封门洞	1.60	m^2	245.00	392.00	轻钢龙骨骨架，石膏板饰面
5	地面砖	27.00	m^2	365.00	9855.00	800mm×800mm地面砖
6	地面砖铺装辅料+人工	27.00	m^2	55.00	1485.00	
7	地面砖踢脚线	21.00	m^2	25.00	525.00	110mm高的踢脚线
8	踢脚线铺装辅料+安装	21.00	m^2	21.00	441.00	
9	门加套	1.00	套	2450.00	2450.00	
10	门锁门吸合页	1.00	套	320.00	320.00	
11	窗台大理石	0.24	m^2	365.00	87.60	
12	窗台大理石磨边+安装	0.80	m	85.00	68.00	
						楼梯间
1	墙面漆（立邦三合一）	56.21	m^2	45.00	2529.45	披刮腻子2～3遍，乳胶漆面漆2遍
2	顶面漆（立邦三合一）	10.80	m^2	45.00	486.00	披刮腻子2～3遍，乳胶漆面漆2遍
6	地面砖	10.80	m^2	365.00	3942.00	800mm×800mm地面砖
3	地面砖铺装辅料+人工	10.80	m^2	55.00	594.00	
4	地面砖踢脚线	11.00	m^2	25.00	275.00	110mm高的踢脚线
5	踢脚线铺装辅料+安装	11.00	m^2	21.00	231.00	
6	门加套	1.00	套	2450.00	2450.00	
7	门锁门吸合页	1.00	套	320.00	320.00	
	合计：				211533.71	
						其他
1	安装灯具	1.00	项	500.00	500.00	甲供灯具，不包含客厅主灯及复杂水晶灯
2	垃圾清运	1.00	项	280.00	280.00	运到物业指定地点
	小计：				780.00	
	工程直接费用合计：				（元）	212313.71
	工程管理费：直接费×12%					25477.65
	工程总造价：				（元）	237791.36

注意事项：（1）为了维护您的利益，请您不要接受任何的口头承诺。（2）计算乳胶漆面积和墙砖面积时，门窗洞口面积减半计算，以上墙漆报价不含特殊墙面处理。（3）实际发生项目若与报价单不符，一切以实际发生为准。（4）水电施工按实际发生计算（算在增减项内）。电路改造：明走管20元/m；砖墙暗走管28元/m；混凝土暗走管30元/m。WAGO接线端子5元/个。水路改造：PP-R明走管88.4元/m；暗走管108.5元/m。新开槽布底盒4元/个，原有底盒更换2元/个（西蒙）。水电路工程不打折。

预算表3（高档）

序号	项目	工程量	单位	综合单价	合价	备注
一楼						
一、客厅						
1	墙顶面找平	69.20	m^2	18.00	1245.60	粉刷石膏
2	墙面漆基层	41.90	m^2	45.00	1885.50	批刮腻子2～3遍，打磨找平
3	顶面漆（立邦五合一）	27.30	m^2	65.00	1774.50	批刮腻子2～3遍，乳胶漆面漆2遍
4	双层叠级石膏板吊顶	8.70	m^2	265.00	2305.50	轻钢龙骨框架、9厘双层石膏板贴面、按公司工艺施工（详见合同附件），不含批灰及乳胶漆、布线及灯具安装另计；按投影面积计算
5	电视墙造型	7.40	m^2	450.00	3330.00	大芯板基层水曲柳搓色工艺
6	电视墙大理石基层	5.00	m^2	125.00	625.00	细木工板基层
7	电视墙大理石	5.00	m^2	900.00	4500.00	
8	隔断造型	2.30	m^2	560.00	1288.00	细木工板基层，澳松板饰面，喷白色混油
9	18mm白色混油花格	2.30	m^2	450.00	1035.00	定做成品
10	沙发背景木质造型	6.00	m^2	580.00	3480.00	细木工板基层，澳松板饰面，喷白色混油
11	沙发软包造型	8.00	m^2	890.00	7120.00	成品布艺软包
12	地面砖	27.30	m^2	850.00	23205.00	800mm×800mm地面砖
13	地面砖铺装辅料+人工	27.30	m^2	75.00	2047.50	
14	实木木质踢脚线	15.00	m	65.00	975.00	实木踢脚线
15	地面大理石拼花	6.00	m^2	980.00	5880.00	
16	地面大理石拼花铺装+人工	6.00	m^2	145.00	870.00	
17	窗台大理石	1.32	m^2	420.00	554.40	
18	窗台大理石磨边+安装	1.76	m	85.00	149.60	
19	地面大理石打围	21.00	m^2	850.00	17850.00	800mm×800mm地面砖
20	地面大理石打围辅料+人工	21.00	m^2	75.00	1575.00	
21	墙面硅藻泥	41.90	m^2	125.00	5237.50	

续表

序号	项目	工程量	单位	综合单价	合价	备注
二、走廊						
1	墙顶面找平	17.30	m^2	18.00	311.40	粉刷石膏
2	墙面漆基层	7.00	m^2	45.00	315.00	批刮腻子2～3遍，打磨找平
3	顶面漆（立邦五合一）	10.30	m^2	65.00	669.50	批刮腻子2～3遍，乳胶漆面漆2遍
4	双层叠级石膏板吊顶	8.70	m^2	265.00	2305.50	轻钢龙骨框架、9厘双层石膏板贴面、按公司工艺施工（详见合同附件），不含批灰及乳胶漆、布线及灯具安装另计；按投影面积计算
5	包管道	1.00	根	320.00	320.00	木龙骨石膏板基层刷乳胶漆
6	地面砖	10.30	m^2	850.00	8755.00	800mm×800mm地面砖
7	地面砖铺装辅料+人工	10.30	m^2	75.00	772.50	
8	实木木质踢脚线	7.00	m^2	65.00	455.00	实木踢脚线
9	墙面硅藻泥	7.00	m^2	125.00	875.00	
10	踢脚线铺装辅料+安装	7.00	m^2	21.00	147.00	
三、餐厅						
1	石膏线	9.00	m	45.00	405.00	120mm欧式石膏线
2	地面砖	8.80	m^2	850.00	7480.00	800mm×800mm地面砖
3	地面砖铺装辅料+人工	8.80	m^2	75.00	660.00	
4	实木木质踢脚线	12.00	m^2	65.00	780.00	实木踢脚线
5	踢脚线铺装辅料+安装	12.00	m^2	21.00	252.00	
6	酒柜	4.50	m^2	600.00	2700.00	细木工板框架，澳松板饰面，喷白色混油
四、外阳台						
1	墙顶面找平	14.84	m^2	18.00	267.12	粉刷石膏
2	墙面漆基层	10.10	m^2	45.00	454.50	批刮腻子2～3遍，打磨找平
3	顶面漆（立邦五合一）	4.74	m^2	65.00	308.10	批刮腻子2～3遍，乳胶漆面漆2遍
4	地面砖	4.74	m^2	850.00	4029.00	300mm×300mm的防滑砖
5	地面砖铺装辅料+人工	4.74	m^2	75.00	355.50	
6	地面砖铺装辅料+人工	4.74	m^2	75.00	355.50	
7	推拉门套	12.50	m	165.00	2062.50	
8	推拉门	9.60	m^2	360.00	3456.00	

续表

序号	项目	工程量	单位	综合单价	合价	备注
五、厨房						
1	集成吊顶	6.90	m^2	450.00	3105.00	轻钢龙骨骨架，铝扣板饰面
2	地面防滑砖	6.90	m^2	450.00	3105.00	300mm×300mm的防滑砖
3	地面砖铺装辅料+人工费	6.90	m^2	55.00	379.50	
4	墙面砖	25.00	m^2	235.00	5875.00	300mm×450mm的砖
5	墙面砖铺装辅料+人工费	25.00	m^2	55.00	1375.00	
6	防水处理	15.00	m^2	65.00	975.00	
7	门加套	1.00	套	4500.00	4500.00	实木门
8	门锁门吸合页	1.00	套	450.00	450.00	
六、卫生间						
1	集成吊顶	4.50	m^2	450.00	2025.00	轻钢龙骨骨架，铝扣板饰面
2	地面防滑砖	4.50	m^2	450.00	2025.00	300mm×300mm的防滑砖
3	地面砖铺装辅料+人工费	18.40	m^2	55.00	1012.00	
4	墙面砖	18.40	m^2	235.00	4324.00	300mm×450mm的砖
5	墙面砖铺装辅料+人工费	21.00	m^2	55.00	1155.00	
6	防水处理	12.00	m^2	65.00	780.00	
7	门加套	1.00	套	4500.00	4500.00	实木门
8	门锁门吸合页	1.00	套	450.00	450.00	
二楼						
一、主卧室						
1	墙顶面找平	52.90	m^2	18.00	952.20	粉刷石膏
2	墙面漆基层	40.67	m^2	45.00	1830.15	披刮腻子2～3遍，打磨找平
3	墙面基层处理	12.23	m^2	45.00	550.35	披刮腻子2～3遍
4	顶面漆（立邦五合一）	27.30	m^2	65.00	1774.50	披刮腻子2～3遍，乳胶漆面漆2遍
5	石膏线	22.00	m	45.00	990.00	120mm欧式石膏线
6	壁纸	3.00	卷	265.00	795.00	

续表

序号	项目	工程量	单位	综合单价	合价	备注
一、主卧室						
7	双层叠级石膏板吊顶	5.90	m^2	265.00	1563.50	轻钢龙骨框架、9厘（9mm）双层石膏板贴面、按公司工艺施工（详见合同附件），不含批灰及乳胶漆、布线及灯具安装另计；按投影面积计算
8	床头软包造型	5.90	m^2	850.00	5015.00	成品布艺软包
9	灰镜造型	3.00	m^2	165.00	495.00	5mm车边灰镜
10	壁纸胶+基膜	3.00	卷	45.00	135.00	
11	贴壁纸人工费	3.00	卷	25.00	75.00	
12	地面砖	27.30	m^2	850.00	23205.00	800mm×800mm地面砖
13	地面砖铺装辅料+人工	27.30	m^2	75.00	2047.50	
14	实木木质踢脚线	19.00	m^2	65.00	1235.00	实木踢脚线
15	踢脚线铺装辅料+安装	19.00	m^2	21.00	399.00	
16	门加套	1.00	套	4500.00	4500.00	实木门
17	门锁门吸合页	1.00	套	450.00	450.00	
18	窗台大理石	1.32	m^2	420.00	554.40	
19	窗台大理石磨边+安装	1.76	m	85.00	149.60	
20	墙面硅藻泥	40.67	m^2	125.00	5083.75	
二、外阳台						
1	墙顶面找平	14.84	m^2	18.00	267.12	粉刷石膏
2	墙面漆基层	10.10	m^2	45.00	454.50	披刮腻子2～3遍，打磨找平
3	顶面漆（立邦五合一）	4.74	m^2	65.00	308.10	披刮腻子2～3遍，乳胶漆面漆2遍
4	地面砖	4.74	m^2	850.00	4029.00	300mm×300mm的防滑砖
5	地面砖铺装辅料+人工	4.74	m^2	75.00	355.50	
6	地面砖铺装辅料+人工	4.74	m^2	75.00	355.50	
7	推拉门套	12.50	m	165.00	2062.50	
8	推拉门	9.60	m^2	360.00	3456.00	

续表

序号	项目	工程量	单位	综合单价	合价	备注
三、儿童房						
1	墙顶面找平	45.60	m^2	18.00	820.80	粉刷石膏
2	墙面漆基层	34.00	m^2	45.00	1530.00	披刮腻子2～3遍，打磨找平
3	顶面漆（立邦五合一）	11.60	m^2	65.00	754.00	披刮腻子2～3遍，乳胶漆面漆2遍
4	衣橱柜体	4.32	m^2	1200.00	5184.00	杉木板柜体
5	推拉门	4.00	m^2	450.00	1800.00	
6	包管道	1.00	根	280.00	280.00	木龙骨石膏板基层刷乳胶漆
7	石膏线	14.00	m	45.00	630.00	120mm欧式石膏线
8	地面砖	11.60	m^2	850.00	9860.00	800mm×800mm地面砖
9	地面砖铺装辅料+人工	11.60	m^2	75.00	870.00	
10	实木木质踢脚线	12.00	m^2	65.00	780.00	实木踢脚线
11	踢脚线铺装辅料+安装	12.00	m^2	21.00	252.00	
12	门加套	1.00	套	4500.00	4500.00	实木门
13	门锁门吸合页	1.00	套	450.00	450.00	
14	窗台大理石	0.70	m^2	420.00	294.00	
15	窗台大理石磨边+安装	1.45	m	85.00	123.25	
16	墙面硅藻泥	34.00	m^2	125.00	4250.00	
四、书房						
1	墙顶面找平	37.65	m^2	18.00	677.70	粉刷石膏
2	墙面漆基层	29.45	m^2	45.00	1325.25	披刮腻子2～3遍，打磨找平
3	顶面漆（立邦五合一）	8.20	m^2	65.00	533.00	披刮腻子2～3遍，乳胶漆面漆2遍
4	石膏线	12.00	m	45.00	540.00	120mm欧式石膏线
5	包地暖	1.00	项	900.00	900.00	大芯板柜体
6	地面砖	8.20	m^2	850.00	6970.00	800mm×800mm地面砖
7	地面砖铺装辅料+人工	8.20	m^2	75.00	615.00	
8	实木木质踢脚线	11.00	m^2	65.00	715.00	实木踢脚线
9	踢脚线铺装辅料+安装	11.00	m^2	21.00	231.00	
10	门加套	1.00	套	4500.00	4500.00	实木门
11	门锁门吸合页	1.00	套	450.00	450.00	

续表

序号	项目	工程量	单位	综合单价	合价	备注
四、书房						
12	窗台大理石	0.24	m^2	420.00	100.80	
13	窗台大理石磨边+安装	0.80	m	85.00	68.00	
14	墙面硅藻泥	29.45	m^2	125.00	3681.25	
五、卫生间						
1	集成吊顶	3.70	m^2	450.00	1665.00	轻钢龙骨骨架，铝扣板饰面
2	地面防滑砖	3.70	m^2	450.00	1665.00	300mm×300mm的防滑砖
3	地面砖铺装辅料+人工费	3.70	m^2	55.00	203.50	
4	墙面砖	15.40	m^2	235.00	3619.00	300mm×450mm的砖
5	墙面砖铺装辅料+人工费	15.40	m^2	55.00	847.00	
6	防水处理	12.00	m^2	65.00	780.00	
7	门加套	1.00	套	4500.00	4500.00	实木门
8	门锁门吸合页	1.00	套	450.00	450.00	
负一楼						
一、走廊						
1	墙面漆（立邦五合一）	40.67	m^2	65.00	2643.55	批刮腻子2～3遍，乳胶漆面漆2遍
2	顶面漆（立邦五合一）	27.00	m^2	65.00	1755.00	批刮腻子2～3遍，乳胶漆面漆2遍
3	隔断	3.20	m^2	400.00	1280.00	
4	装饰柜	1.20	m^2	500.00	600.00	大芯板柜体
5	楼梯底储藏柜柜门	1.41	m^2	450.00	634.50	大芯板柜体，澳松板饰面，喷白色混油，柜体内贴玻音软片
6	地面砖	27.00	m^2	850.00	22950.00	800mm×800mm地面砖
7	地面砖铺装辅料+人工	27.00	m^2	75.00	2025.00	
8	实木木质踢脚线	21.00	m^2	65.00	1365.00	实木踢脚线
9	踢脚线铺装辅料+安装	21.00	m^2	21.00	441.00	
二、储物室						
1	墙面漆（立邦五合一）	25.33	m^2	65.00	1646.45	批刮腻子2～3遍，乳胶漆面漆2遍
2	顶面漆（立邦五合一）	27.30	m^2	65.00	1774.50	批刮腻子2～3遍，乳胶漆面漆2遍
3	衣橱柜体	20.60	m^2	1200.00	24720.00	杉木板柜体
4	封门洞	1.60	m^2	245.00	392.00	轻钢龙骨骨架，石膏板饰面
5	地面砖	27.00	m^2	850.00	22950.00	800mm×800mm地面砖

续表

序号	项目	工程量	单位	综合单价	合价	备注
二、储物室						
6	地面砖铺装辅料+人工	27.00	m^2	75.00	2025.00	
7	实木木质踢脚线	21.00	m^2	65.00	1365.00	实木踢脚线
8	踢脚线铺装辅料+安装	21.00	m^2	21.00	441.00	
9	门加套	1.00	套	4500.00	4500.00	实木门
10	门锁门吸合页	1.00	套	450.00	450.00	
11	窗台大理石	0.24	m^2	420.00	100.80	
12	窗台大理石磨边+安装	0.80	m	85.00	68.00	
楼梯间						
1	墙面漆（立邦五合一）	56.21	m^2	65.00	3653.65	披刮腻子2～3遍，乳胶漆面漆2遍
2	顶面漆（立邦五合一）	10.80	m^2	65.00	702.00	披刮腻子2～3遍，乳胶漆面漆2遍
3	地面砖	10.80	m^2	850.00	9180.00	800mm×800mm地面砖
4	地面砖铺装辅料+人工	10.80	m^2	75.00	810.00	
5	实木木质踢脚线	11.00	m^2	65.00	715.00	实木踢脚线
6	踢脚线铺装辅料+安装	11.00	m^2	21.00	231.00	
7	门加套	1.00	套	4500.00	4500.00	实木门
8	门锁门吸合页	1.00	套	450.00	450.00	
合计：					390444.89	
其他						
1	安装灯具	1.00	项	500.00	500.00	甲供灯具，不包含客厅主灯及复杂水晶灯
2	垃圾清运	1.00	项	280.00	280.00	运到物业指定地点
小计：					780.00	
工程直接费用合计：（元）						391224.89
工程管理费：直接费×12%						46946.99
工程总造价：					（元）	438171.88

注意事项：（1）为了维护您的利益，请您不要接受任何的口头承诺。（2）计算乳胶漆面积和墙砖面积时，门窗洞口面积减半计算，以上墙漆报价不含特殊墙面处理。（3）实际发生项目若与报价单不符，一切以实际发生为准。（4）水电施工按实际发生计算（算在增减项内）电路改造：明走管20元/m；砖墙暗走管28元/m；混凝土暗走管30元/m。WAGO接线端子5元/个。水路改造：PP-R明走管88.4元/m；暗走管108.5元/m。新开槽布底盒4元/个，原有底盒更换2元/个（西蒙）。水电路工程不打折。

第六部分
家装常用预算表

1.房屋基本情况记录表

房屋情况记录表

<table>
<tr><td colspan="4">房屋类型　○公寓　○复式公寓　○别墅　○Townhouse</td></tr>
<tr><td colspan="4">层数　第　层　共　层　居住状况　○精装修　○毛坯房　○二次装修</td></tr>
<tr><td colspan="4">庭院　○有　○无　地下室　○有　○无　车库　○有　○无</td></tr>
<tr><td colspan="4">周围环境　○市区　○郊区　○紧邻　○远离（主要街道、机场、地铁、铁路）</td></tr>
<tr><td colspan="4">使用面积：　户型　室　厅　厨　卫</td></tr>
<tr><td rowspan="6">面积与层高</td><td colspan="2">房间编号　层高（m）面积（m）</td><td>房间编号　层高（m）面积（m）</td></tr>
<tr><td colspan="2">房间编号　层高（m）面积（m）</td><td>房间编号　层高（m）面积（m）</td></tr>
<tr><td colspan="2">房间编号　层高（m）面积（m）</td><td>房间编号　层高（m）面积（m）</td></tr>
<tr><td colspan="2">房间编号　层高（m）面积（m）</td><td>房间编号　层高（m）面积（m）</td></tr>
<tr><td colspan="2">阳台</td><td>车库</td></tr>
<tr><td colspan="2">地下室</td><td>庭院</td></tr>
<tr><td>卫浴间</td><td colspan="3">共有　个卫浴间　分别在第　层</td></tr>
<tr><td rowspan="17">装修程序</td><td>墙面</td><td colspan="2">○素水泥　○已抹灰　○已涂涂料　○已贴壁纸或壁布</td></tr>
<tr><td>地面</td><td colspan="2">○素水泥　○地面已有涂料　○已铺装地板或瓷砖</td></tr>
<tr><td>顶棚</td><td colspan="2">○素水泥　○未经装修　○已吊顶</td></tr>
<tr><td>上下水管</td><td colspan="2"></td></tr>
<tr><td>暖气管道</td><td colspan="2"></td></tr>
<tr><td>供热系统</td><td colspan="2">○集中供热　○独立采暖　○成品暖气片
○地面采暖</td></tr>
<tr><td>空调系统</td><td colspan="2">○中央空调　○分体式空调
○需自行安装分体式空调（已、无）预留空调口</td></tr>
<tr><td>电路</td><td colspan="2"></td></tr>
<tr><td>电视电缆</td><td colspan="2"></td></tr>
<tr><td>网线</td><td colspan="2"></td></tr>
<tr><td>电话线</td><td colspan="2"></td></tr>
<tr><td>智能系统</td><td colspan="2">○有　○无</td></tr>
<tr><td>门禁系统</td><td colspan="2">○有　○无</td></tr>
<tr><td>楼梯</td><td colspan="2">○粗坯　○已经做好</td></tr>
<tr><td>房间门</td><td colspan="2">○已装　○未装</td></tr>
<tr><td>窗户</td><td colspan="2">○已装　○未装</td></tr>
</table>

2.装修预期效果表

预期效果表

整体风格色调

墙面　○保持原状　○涂墙面漆　○铺壁纸、壁布　○墙板　○其他

地面　○保持原状　○（实木、复合、实木复合、竹木）地板○涂料　○水泥地面　○石材　○地砖

顶棚　○保持原状　○重新吊顶（石膏吊顶、金属天花、PVC天花）○不吊顶

门　○保持原状　○重新做门　○购买成品门安装　○加装防盗门

窗　○保持原状　○更换（铝合金、木窗、PVC窗、铝包木）○加装斜顶窗　○加装天窗

施工方式　○包工包料　○包清工

房间编号									
墙面	材质								
	颜色								
	面积								
地面	材质								
	颜色								
	面积								
天花	材质								
	颜色								
	面积								
房间门	材质								
	颜色								
	面积								
窗	材质								
	颜色								
	面积								
家具	材质								
	颜色								
	面积								
灯	位置								
	数量								
装置电器数量	电话								
	开关								
	电视								
	网线								
	插座								
管线改动	水								
	电								
	气								

3. 装修款核算记录表

装修款核算记录表

工程总造价	元	装修时间范围	
		付款日期（年月日）	工程进展情况
首付款比率　　　%	元		
二期付款比率　60%	元		
三期付款比率　35%	元		
尾款比率　　5%	元		

4. 装修款核算表

装修款核算表

主材费用及明细	辅材费用及明细	其他费用	税金	总计